王景如
陳鴻源
合著

歡樂
節慶點心

目錄
Contents

傳承情感的節慶糕點

　　臺灣人一整年從年初直到年尾，不論是早期的傳統節慶，或者是後來融入的各個外來節慶，免不了都會買一些應節糕點，或者自己動手去做，但不管是從市面上買的，或者是自己做的，幾乎都離不開米食類和麵食類。而現在消費者都喜歡講究天然的、有機的、健康的、養生的。但近幾年來市場上陸續發生不肖業者在食品裡添加了不可加的化學物品，讓很多消費者不知還有哪些食品可以安心的購買來食用。因此有很多消費者就會想，那就想吃什麼糕點，就買些相關食材回家自己做，但問題就在於容易失敗或做不好，甚至於不會做。市面上很多的食譜作者稍微會了一點就出書，有的是亂學，有的是用市面上既有產品、相片，然後再亂寫製作過程，連我做了幾十年糕點，也不見得做得出來。

　　而今天有王景茹以及陳鴻源兩位老師，皆從國內最高餐飲學府「國立高雄餐旅大學」畢業的優秀人才，他們倆憑著多年教學相長的經驗，一個是專攻中式糕點，一個是專攻西式糕點，他們一起合作推出了這本關於節慶點心的食譜書，裡頭包含各種中西節慶經典點心，可以陪你及家人一整年。之後，遇到什麼節慶，想做什麼點心，參考這本食譜將難不倒你了。重點是，不用再擔心「食安」問題，只要有時間、有簡單的設備就能做。如此，不但能拉近家人的關係，拉近左鄰右舍的感情，甚至於時常做，久了再花點心思，也可能做出更好吃，更有特色的各種中西節慶糕點。

　　相信只要有心，人人都能成為點心高手，也能把臺灣各種節慶糕點和習俗文化傳承下去，讓我們的子子孫孫都能做出屬於臺灣特色的各種節慶糕點。

國立高雄餐旅大學中餐廚藝系　副教授

何建彬

烘焙出人生幸福滋味

　　第一次看見鴻源老師，我心裡很自然地浮現出五個字：「溫良恭儉讓」。他就是一個讓人感覺很溫和、很謙虛的人。來到聖心擔任校長雖然僅有短短半學期的時間，但是鴻源老師無論是對教學上的熱情與認真，或是在待人接物方面，我都相當欣賞這個年輕人的態度。對其他老師來說，他是一個值得切磋，相互學習的好同事；而對學生來說，他更是一個不吝於傾囊相授，不遺餘力的好老師。這次很榮幸被邀請參與為他寫推薦序。

　　一直都有持續在進修的鴻源老師，這些年來也出了不少相關著作，翻著鴻源老師從前的出版品，好像有種魔力，是那種廚藝會因為看了他的著作而突飛猛進進步的那種魔力。關於烘焙這方面我不是專門，但是我相信，如果照著這本《歡樂節慶點心》裡示範的食譜操作，在每個節慶時時親手為自己、為家人烘焙出應景的甜點，那麼我們一定更能感受到人生幸福的滋味。

基隆輔大聖心高中　校長

不妥協與堅持的亮點

　　與「鴻源老師」是在臺北老爺國際大酒店時共事認識，很多人到了飯店後，自視甚高，廚藝反而是退步了，因為雖然是用高檔食材，但卻無法讓佳餚更加美味，但鴻源卻是利用著無數的機會，努力充實自己，讓個人的廚藝與視野更加寬廣，最難得可貴的是「不妥協與堅持」的態度，讓他做的每一項產品呈現出來是有亮點及吸睛的效果，享受完美食之後還能回味無窮，但他依然保持著謙卑的態度，不斷地學習著，這幾年更將視野擴及到教育莘莘學子身上，因為他發現這對他人生上更是一大挑戰，如何孕育出更多的人才在餐飲業上發光發熱，讓臺灣的美食能在國際間更加閃亮。

　　「少說話，多做事」是學習技術的不二法門。鴻源，永遠支持你！

羅撒食品　行政主廚

為家人做點心食在安心

　　還記得國中畢業的我對自己的未來非常茫然，在尚未考慮清楚自己想法的情況下，我衝動填了自己完全不感興趣的志願，我永遠記得那些日子我有多麼地度日如年。後來在一次因緣際會下，我捨棄了原有的科系，進入了省鳳商工的觀光科。雖然一切從零開始，但是我終於知道自己想要的是什麼。轉科的過程中很辛苦，無論是身體或是心理的，但是當我明確知道自己的人生目標之後，所有的累，都讓我感到樂此不疲。

　　2009年，從業界到教育界，我橫跨了兩個不同的領域，這應該是我人生很重要的一個里程碑。從面對客人到面對學生，對我來說，是全新且從未嘗試過的挑戰，所幸一路走來遇見許許多多的貴人相助，讓我在這五年多的教學生涯學到許多不同的經驗，也激起我從來不知道自己隱藏的潛力。我很喜歡甜品，因為它總是能適時療癒我工作上的疲累。不管是搭配一杯香濃的咖啡或是一壺好茶，甜點總是能讓我感到相當舒適平靜。雖然從前的工作都沒有在烘焙的領域上有所深究，但是對於烘焙，我一直都沒有遺忘。利用工作之餘，我依舊有在這方面進修學習。有了孩子之後，孩子的甜品更是從不假他人之手，全部都由我或太太一手包辦。看著孩子吃得快樂又健康，是身為父親的我最大滿足。

　　近年來，在臺灣有越來越多的西方節日被大家所重視，無論是情人節、聖誕節、萬聖節、復活節等，無時無刻都有過節的溫馨氣氛。日前食安問題嚴重，很多家庭開始擔心外食的添加物影響到自身的健康，因此自己動手做，知道內容和材料，知道製作過程，給自己或家人食用都好安心！《歡樂節慶點心》不僅讓大家了解西方文化更多元的節慶點心，而且食譜材料取得容易，操作起來也不困難，可以在各種不同溫馨浪漫的節日裡，和心愛的人相聚在一起，吃著親手做的甜品，是最幸福不過的事！希望你們在翻閱本書的同時，也能彷彿聞到我在做這些甜點時的迷人香氣，溫暖著大家的心和胃。

　　在此，要特別感謝基隆輔大聖心高中校長楊如晶、羅撒食品行政主廚林世偉、基隆楊春美烘焙材料行、保利包裝、高雄餐旅大學餐飲管理系學生賴映儒，以及我的學生陳永禕、連建豪、蔡鳳來、周恪誠在拍攝期間協助，當然還有我的家人，尤其是我的太太，總是無條件支持我任何決定，並且替我把家庭照顧的這麼好，讓我無後顧之憂做我喜愛並充滿熱情的工作。

西式糕點專家

陳鴻瑔

料理的執著更添生活色彩

從小就非常喜歡烹飪，也時常在家裡和大伯母一起製作傳統點心，到了高中就讀淡水商工餐飲管理科，當時在師長們的影響下對烹飪有莫名的執著，整天待在家或去親戚的餐廳學習。高中時期的我相當頑皮，真的非常感謝師長們給予耐心指導及鼓勵，尤其當時的曾菊英老師一直給予我鼓勵及信心，讓我能在高三時順利考取中餐烹調乙級。爾後，也順利考取高雄餐旅大學中餐廚藝科，一路走來受到師長們鼓勵及教導，尤其是遇到生命轉折的老師何建彬副教授，何副教授的為人處事深深影響我，讓我在工作更順心。

所謂「民以食為天」，飲食在我們生活裡是不可或缺的一環。在各節慶裡，我們也會習慣為節慶添加色彩，給予特別且有意義的食物代表，為歡樂的節日錦上添花。在本書裡，我負責中國節慶點心，中國人喜歡與家人朋友團聚的氣氛，相聚時刻不免需要吃，如果能夠在聚會裡讓大家動動手一起享受製作的過程，也一起享受豐碩的成果，那實在是欣喜不過的事了！在製作時除了體驗製作的快樂，更重要的是動一動，能讓我們更健康。自己動手操作最重要的關鍵，就是清楚食物有什麼成分，吃得更安心。書裡的每道食譜也加了一些成功小訣竅，希望大家能夠做得更得心應手。

感謝陳鴻源老師與我合作《歡樂節慶點心》，讓此書內容更豐富，不僅有中式，還多了許多西式節慶點心。最後特別感謝屏東農產股份有限公司贊助材料拍攝，以及德霖技術學院餐飲廚藝系學生劉芳彣、莊惠鈞及李瑄，在本書製作時，鼎力協助，讓我們能順利完成。

中式點心專家　　王素苑

基本工具介紹

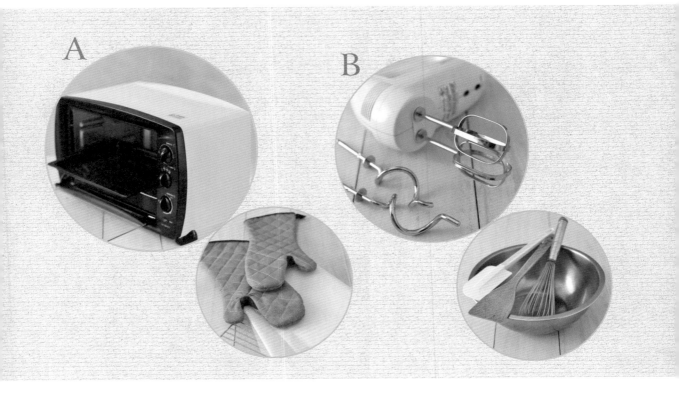

A. 烘焙設備

烤箱

是烘焙點心必備工具，一般以 **22** 公升以上，擁有上、下火分開控溫的烤箱為佳。每臺烤箱性能略不同，書中建議的溫度和時間僅供參考，多試幾次即可掌握自己烤箱的性格。

烤盤

家用烤箱可以有 **1～2** 個烤盤，材質分為鐵氟龍或鋁製材質。若為不沾烤盤就可以直接使用。若要烤餅乾，遇到其他材質時，則建議使用前噴一層烤盤油，或是放上烤盤布就可以防沾黏。

烤盤紙

又稱烘焙紙，用來阻隔糕餅與烤盤直接接觸，常用於烘烤中式、西式點心，有一次使用及重複性使用兩種可選擇。在烤盤上鋪一張烤盤紙，可防止烘烤的糕餅沾黏而容易取出。

隔熱手套

當點心出爐時，可當作隔熱之用，防止燙手。如果手套不小心弄濕，取出烤盤時導熱快，容易燙到務必小心。

不沾布

可鋪於烤盤，為布材質，使用後經過清洗可重複使用。

出爐涼架

可將剛出爐的糕點放置於涼架上，可快速冷卻及散熱。

B. 攪拌工具

手提型電動攪拌器

分為桌上、手提型兩種，用來攪拌蛋白、鮮奶油、奶油等，用電動攪拌機攪打將會比用手攪拌更為省力、省時。

打蛋器

不鏽鋼的材質，是攪拌材料時使用，依容量的多寡有大、小之分。可用來攪打蛋白、奶油、鮮奶油。

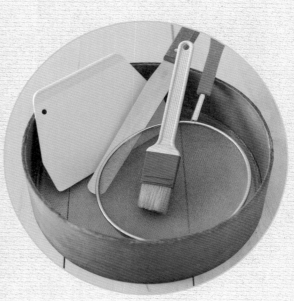

木匙
適合攪拌有熱度或黏稠的材料為佳，攪拌好不可放在鍋中，以防燒焦。

鋼盆
不銹鋼材質，可視需求來選擇大、中、小三種，直徑分別為**30**、**24**、**22**公分三種尺寸，底部以圓弧狀，需準備兩個以上為佳。

橡皮刮刀
分耐熱性與一般材質，也有大、小之分，彈性橡皮刮刀主要是將鋼盆內糊狀材料，沿著盆刮下，也可作為攪拌工具。

C.輔助工具

桿麵棍
有分為木頭製和塑膠製，可準備粗細大小各一根，長度至少需**30**公分，視麵糰的份量桿成需要的厚薄之用。

擠花袋＆擠花嘴
有不透明重複使用與透明一次性可選購。通常透明材質較薄容易破，只適合擠鮮奶油。花嘴的種類與大小很多種，功用不同，所擠畫出的形狀也不同，選購時可視需求再添購。

毛刷
塗抹奶油、蛋液時使用，使烘烤完成的糕點色澤更加漂亮且均勻，平時使用完應清洗乾淨後晾乾，若長期不用時，可用塑膠袋包好，放入冷凍庫，以防發黴狀況。

刮板
分為平形、彎形、梯形、半圓形及鋸齒形等，視製作產品需求而挑選。平形為切割麵糰用，半圓形為最常使用於刮除攪拌鋼或鋼盆中殘留的材料或抹平麵糊。

篩網
用來過篩粉類與糖粉，以去除雜質與結塊，在攪拌時將更加均勻，讓烘烤出來的點心更加鬆軟。

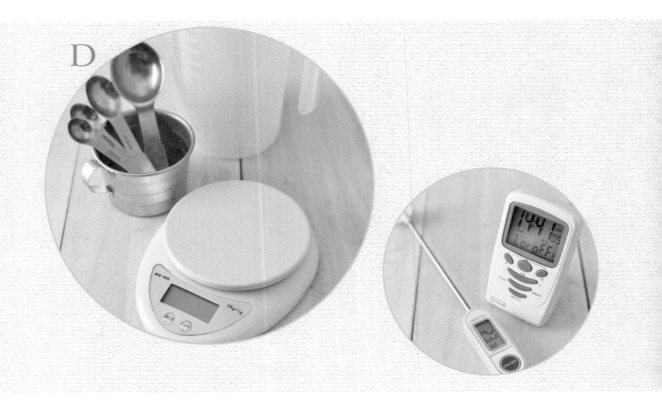

D.度量工具

磅秤

初學者選購電子秤為佳,一般家庭以**1000**公克為常使用,最低單位可秤量至**1**公克較為精準,不論測量固態或液態的材料都非常方便。

量杯

用來秤量液體的器具,以**cc**為計量單位,有玻璃、塑膠、不鏽鋼等材質,建議可以買玻璃製,如果有奶油需要微波將非常方便。選購單位為**240cc**即可。

計時器

設定烘烤或發酵時間,可以選擇有分、秒兩個按鍵,可以隨時提醒,以避免烘烤過頭而烤焦,和計時發酵的時間。

溫度計

將溫度計放入欲測量的液體材料中,透過面板了解是否達到理想溫度即可。

量匙

用來秤量少於**10g**的材料,以不鏽鋼的材質最好。一組有**4**支,分別標示為**1**大匙(**T**)、**1**小匙(**t**)、**1/2**小匙(**t**)、**1/4**茶匙(**t**)四種份量。**1**大匙為**15cc**、**1**小匙為**5cc**、**1/2**小匙為**2.5cc**、**1/4**小匙為**1.25cc**。

基本材料介紹

A

A.粉類

高筋麵粉

簡稱為「高粉」，在日文稱為「強力粉」，它的蛋白質含量在**11.5%**以上，比其他麵粉高，因此稱為「高筋」，筋性亦強，通常使用於麵包產品。

中筋麵粉

簡稱「中粉」，日文稱為「中力粉」，又稱為「萬用麵粉」、「多用途麵粉」。它的蛋白質含量平均在**11%**左右。經常使用在中式點心製作上，例如：包子、饅頭等。

低筋麵粉

簡稱「低粉」，日文稱為「薄力粉」，蛋白質含量平均在**8.5%**左右，筋性較弱，多用來製作蛋糕類的鬆軟糕點。

蓬萊米粉

由平常食用的短圓白米磨製而成的細粉，比其他米類更具黏性，常用於發糕、芋粿巧、寧波年糕、客家米食等產品。

糯米粉

一般市售糯米粉，若非特別註明，都是生糯米粉，可用來製作中式點心。

在來米粉

經常使用於中式點心中的臺灣小吃產品中，例如：蘿蔔糕、肉圓、碗粿。

杏仁粉

由杏仁粒去皮後，以機器打成粉狀，適合加入蛋糕或餅乾麵糊中攪拌。

玉米粉

是一種玉米澱粉，具有凝膠作用。一般在製作蛋糕時，會加入少許玉米粉，可以增加蛋糕口感，以降低麵粉筋度。

B.糖類

細砂糖

細砂糖是麵糰的基本用料，包子饅頭的麵皮在細細嚼過後會釋出甜味，細砂糖在麵糰中所扮演的角色為增加甜度、柔軟及膨脹。

蜂蜜

有「百花之精」的美名，適合老人、小孩，及便秘、高血壓、支氣管哮喘患者食用。所含的單醣，不需要經消化就可以被人體吸收，是很好的甜味選擇。

黑糖

可以改善動脈硬化，而且保留鈣、鐵等重要礦物質，可幫助紓緩生理期不適。

綿白糖

是細小的蔗糖晶粒被轉化漿包裹而成的，質地潔白細緻，顆粒細小易溶解，其純度和細砂糖差不多。

水麥芽

水麥芽呈透明黏稠狀，顏色像果糖般透明，常用來做點心、煮醬料，一般常見的麥芽是略呈黃褐色，又稱為水飴。

海藻糖

是自然界的動植物和微生物中廣泛存在的一種雙糖，有甜味。甜度是蔗糖的45%，作為食品添加劑和甜味劑。

葡萄糖

很容易被吸收進入血液中，葡萄糖可加強記憶，刺激鈣質吸收和增加細胞間的運作。

C.膨脹劑＆凝固劑

乾酵母粉

具有膨脹發酵作用。加入麵糰前，必須先用41℃至43℃的溫水拌勻（若溫度太高酵母會死掉），使用約4～5倍酵母的水量溶解，放置5～10分鐘即可使用。儲存於陰涼乾燥的地方，可保存半年，開封後盡快使用完。

泡打粉

又稱速發粉或蛋糕發粉，簡稱B.P，是西點膨大劑的一種，經常使用於蛋糕及西餅的製作。是重碳酸鹽和氧化劑的混合物，它能讓蛋白及蛋黃攪拌時所產生的空氣使烘烤物品膨鬆變大，需選用無鋁的泡打粉為宜。

吉力丁片

選購色澤呈淡黃至白色，透明帶點光澤，無臭、無肉眼可見的雜質。通常以動物皮、骨頭加工而成，素食者不可食用。

C

B

D.油脂&乳製品&蛋

豬油
是由豬板油提煉出，初始狀態
是略帶黃色半透明液體的食用
油，溫度較低時則會凝固。

奶油
一般來說，分為有鹽奶油和無
鹽奶油，通常以無鹽奶油為
主。它是由未均質化之前的生
牛乳頂層的牛奶脂肪含量較高
的一層所製。

奶油乳酪
是最常用的乳酪，烘焙材料行
或一般大型超市即可購買。開
封後會在冰箱吸附其他味道，
所以請盡快使用完畢。

奶粉
以牛的乳汁為原料，經過消
毒、脫脂、脫水、乾燥等製成
的粉末。可增加點心香氣。

牛奶
本書點心所使用為全脂牛奶。
定義優質牛奶的標準有三條：
第一，保存期限不超過7天，
並且需要4℃冷藏保存；第
二，牛奶的包裝形式主要採用
新鮮屋包裝和瓶裝，以保護乳
品的新鮮品質；第三，通常採
用巴氏殺菌法進行加工，並且
不添加穩定劑、增稠劑、乳化
劑等。

動物性鮮奶油
從牛奶中提煉出來，含有
47%的高脂肪及40%的低脂
肪，以其中的乳脂含量不同來
區分。打發後可用來裝飾蛋糕
表面；或者添加於慕斯及冰淇
淋中，可以增加口感及產品滑
潤度。

雞蛋
製作糕點的主要材料，分為蛋
黃、蛋白兩部分。蛋黃具有乳
化作用，蛋白具有膨鬆麵糊組
織的功能，蛋黃亦適合塗抹於
糕點表面，可增加色澤。

E.辛香類

肉桂粉
是一種廣受喜愛的香料。多用
於麵包、蛋糕、派、咖啡及其
他烘焙產品。

荳蔻粉
有清淡的香料味，適合各式甜
鹹食物，例如：西式湯品、雞
蛋類、蔬菜及麵包蛋糕產品。

丁香粉
主要功效為促進食慾。丁香味
道十分強烈，嚐起來不僅辛辣
且帶點苦味；但是經過烹飪
後，氣味就會變得溫和。

F.雜糧 & 果乾

夏威夷果仁

可酌量添加在麵糊或麵糰內，增加口感和香味。有預防心血管疾病，保持肌膚及神經系統的功效，還含有豐富的鈣、磷、鐵、維生素B1、B2和氨基酸等。

核桃

富含人體必需脂肪酸、維生素、礦物質、也是良好的蛋白質來源。核桃健腦，降血脂，平衡膽固醇，保護心臟等好處。可酌量添加在麵糊或麵糰內，增加口感和香味；也可作為表面裝飾材料。

栗子

有「千果之王」的美稱。含有豐富的不飽和脂肪酸、多種維生素和礦物質，可有效預防和治療高血壓、動脈硬化等心血管疾病，有益於人體健康。

紅豆

有豐富的鐵質，具有補血，利尿，降血壓，促進血液循環，增強抵抗力，調節血糖之功能。市面上的蜜紅豆較甜，需要特別注意挑選。

葡萄乾

含豐富鐵質，所以它對貧血症狀具有幫助；也含有豐富鉀，是屬於鹼性食品。主要成分為葡萄糖。葡萄糖在體內被吸收後會立刻變成身體所需要的能源，正因為如此，對恢復疲勞非常有效。

杏桃乾

可酌量添加在麵糊或麵糰內，增加口感和香味。含有豐富的維生素A，營養價值高，還可以抗癌。

蔓越莓乾

蔓越莓有豐富的抗氧化酚類，對於抗老化、養顏美容有相當大的助益。可酌量添加在麵糊或麵糰內，或表面裝飾，能增加口感和香味。

G.巧克力

苦甜巧克力

含糖量少，適量食用可以有降血壓、抗氧化等功效。巧克力加熱時需注意，不可加熱過久或超過50℃以上。

白巧克力

不含咖啡因的白巧克力，沒有加入可可粉，而是由可可脂製成，可可脂含量約30％。因此白巧克力和苦甜巧克力有同樣的質地，只是味道不同。

巧克力醬

巧克力醬可淋在鬆餅、黑磚蜜糖吐司上，味香色美。

H.新鮮蔬果類

地瓜

含豐富纖維質,不僅可以刺激腸胃蠕動,有益大腸保健。地瓜的皮含豐富的維生素A,皮和肉一起吃可增強免疫力。地瓜缺少蛋白質和脂肪,因此要搭配蔬菜、水果一起吃,這樣才不會營養失衡。

芋頭

常吃芋頭可預防便秘,並且可幫助身體排出多餘的鈉,有降血壓的功效;而所含鉀在各類澱粉類蔬菜中屬一屬二。

南瓜

臺灣俗稱金瓜。富含維生素A、醣類、澱粉質及胡蘿蔔素。食南瓜可有效防治高血壓、糖尿病及肝臟病變,提高人體免疫能力。常吃南瓜,可使大便通暢,肌膚豐美,尤其對女性具有美容作用。

紅蘿蔔

紅蘿蔔具有平衡血壓,幫助血液循環,淨化血液,促進新陳代謝,強化肝臟機能,清理腸胃的功用,是最天然的綜合維他命丸。

洋蔥

洋蔥的主要食用部位是鱗葉,主要作為爆香用。洋蔥含有大蒜素,有很強烈的刺激味道,具有增強抵抗力的功效。

草莓

除了酸甜爽口、芳香濃郁、風味獨特外,富含礦物質及維生素C,是人體內新陳代謝不可缺少的營養素,也能形成抗體,可增強人體的抵抗力。

I.其他

香草精

香草精為香草濃縮的添加物,適合加入西點產品中,可增加迷人的風味。

食用色素

是食品添加劑的一種,也是著色劑,用於改善物品外觀的可食用染料。

長糯米

長糯米適合煮鹹食,有類似在來米的清香味,再加上較淡之甜味。包粽子、燜油飯以長糯米為主。

蝦米

粽子的提香材料,使用前需泡水約10分鐘,不可泡太久,避免蝦米的風味流失。

紅蔥頭

是中菜烹調中不可或缺,可增加香氣的食材之一,大多使用於爆香用途。

乾香菇

粽子的提香材料,使用前先用冷水泡,不可用熱水,否則香菇的香味會跑掉。要炒之前務必擠乾水分,如此炒過後材料才會香。

Festival

農曆1月1日

春節

春節

　　初一春節的由來眾說紛紜，但最具代表的是年獸的故事。遠古時期，有一隻兇猛的怪獸，居住在深山中，人們叫它為「年」。它的樣貌猙獰，生性兇殘，專食飛禽走獸，人們談到「年」便為之色變。後來，大家知道「年」是每隔365天竄到人群聚居的地方嚐一次新鮮，而且出沒的時間都是在黑夜以後，等到雞鳴，它便返回山林中了。

　　算準了「年」肆虐的日期，老百姓們便把這一夜視為關口來煞，稱作「年關」，並想出了一整套過年關的方法。每到這天夜晚，家家戶戶都提前做好晚飯，再將雞圈牛欄全部拴牢，把家的前後門都栓住，躲在家吃「年夜飯」。

守睡祈求過好年

年夜這晚也準備得特別豐盛，除了要全家老小圍在一起用餐表示團團圓圓外，也會在吃飯前先供奉祭祖，祈求祖先的神靈保祐，平安地度過這一晚。吃過晚飯後，再圍一起閒聊壯膽，就逐漸形成了除夕守歲的習慣。守歲習俗興起於南北朝，梁朝不少文人都有守歲的詩。農曆正月初一通常都在立春前後，因而把農曆正月初一定為春節，一直到正月十五，其中以除夕和正月初一最為重要。在這個傳統節日，人們都會舉行各種活動慶典，例如：祭祀神佛、祭奠祖先、迎禧接福、祈求豐年等，各地也會有不同的風俗習慣。

蘿蔔糕 & 甜年糕

蘿蔔糕又稱「菜頭粿」，意謂著「吃菜頭粿，討個好采頭」，且白蘿蔔為冬季盛產蔬菜，甘甜滋味非常適合做年糕、煮湯。吃甜甜好過年，甜年糕也有「年年高、步步高升」的含義。

棗泥核桃糖

棗泥核桃糖有獨特的濃郁香味，混合彈牙的棗泥及酥脆核桃，甜度適中且不黏牙，總是令人一口接著一口。純手工的棗泥核桃糕，是中式下午茶的最佳夥伴，解饞又吃不膩的小零嘴，特別是對那些不能吃硬式零食的年長者，棗泥核桃糖是最好的選擇。核桃有助於降低血液中的膽固醇，對動脈硬化、心腦血管病患者的日常保健很有幫助。核桃對人體還有其他好處，例如：補腦，也就是中國人常說的「以形養形」，自古中醫就認為，核桃可以補腎健腦，補中益氣，最適合腦力工作者食用。而現代科學則發現核桃中含有豐富的蛋白質、磷、鈣和多種維生素，含有大量的不飽和脂肪酸，能強化腦血管彈力，促進神經細胞的活力，提高大腦的生理功能。

小小的核桃不僅可以健腦，還能養顏美容，減少罹患乳癌的風險，降低患憂鬱症和糖尿病的機率，消除壓力等。主要是因為核桃含磷脂較高，可以維護細胞正常代謝，增強細胞活力，防止腦細胞的衰退。即使營養豐富，還是需適量攝取為宜。在新的一年開始，以補腦的棗泥核桃糖作為起跑點，在新的一年裡，從「頭」到腳開始注意健康。

牛軋糖

　　牛軋糖的起源有兩種說法，一種說法是在西元1441年在義大利克雷莫納（Cremona）發明的，在一個地方貴族的婚宴上，新人獲贈一種用蜂蜜、杏仁和蛋白製成的糖果。另一種說法為中國明朝大學士商輅，為了感謝文昌帝君托夢使其三元及第，依夢中作法，用麥芽糖、花生、米等做出，並捏造成牛的模樣，因此取名叫作「牛軋糖」。但因為要把糖捏成牛的形狀實在很不容易，而且在生產速度上較慢，後來就直接將牛軋糖塊切成長條狀，便能很快出貨銷售。之後有外國傳教士將此糖帶回西方，讓牛軋糖成為在西方也很受歡迎的糖果之一。

　　臺灣牛軋糖主要是由國共內戰時期渡海避戰的上海糕餅師傅所帶來的製糖技術，配合臺灣潮濕、炎熱的氣候，在配方上有所調整與改良。此外，由於本地冬季氣候較冷，適合做牛軋糖，自然而然地，牛軋糖就成為年節必備的應景點心。目前市面上除了原味外，尚開發出巧克力、抹茶、蔓越莓等各種口味的牛軋糖，但不管哪一種，吃起來都有濃濃的奶香味，咬得到一粒一粒的杏仁或花生米，有濃郁的堅果香味；追求健康者，在製作時可酌量降低糖量和鹽的比例。吃牛軋糖最忌諱的就是黏牙，如果可以做到不黏牙，就非常適合年長者食用。

桂圓黑糖發糕

　　過年家中有個特別的習俗，初一不能花錢，也要吃素，留在家中玩玩小牌，因為家規是規定「錢不能對外花用，自己家人流動沒關係」。所以過年就是賭博時刻，最受歡迎的年節食品就是桂圓黑糖發糕，而且要吃到很發的才會發喔！在過年時家裡也會製作發糕，但每次都會把小孩子帶走，因為孩子是家中最好奇的寶寶。因為製作發糕時一定要從頭到尾看著，中間掀蓋就不會發了，若蒸出不發的發糕，則今年運氣就會大受影響，所以大人們會直接把孩子帶出門，一勞永逸。

寸棗

米果掛糖霜時，速度要快，快速拌炒讓糖漿充分炒開才會好看。

份量：約500g
最佳賞味期：室溫密封20天

材料

A
在來米粉30g
水24cc
B
麥芽糖108g
水150cc
C
糯米粉240g
中筋麵粉30g
泡打粉6g

D
細砂糖150g
麥芽糖18g
糖粉30g
水60cc

作法

1 將材料A料混合均勻；材料B混合後煮滾，備用。

2 將煮滾的材料B沖入材料A料中拌勻，加入過篩的材料C揉成糰後，靜置鬆弛40分鐘。

3 將麵糰桿成厚度0.5公分薄片，再切5×0.5公分長條備用。

4 起油鍋，將切好的麵條放入油鍋，用大火炸成金黃，撈起瀝乾油分即為米果。

5 材料D混合煮稠即為糖漿，趁熱加入米果翻拌均勻使裹上糖漿即可。

紅豆年糕

年糕若吃不完，隔天必須包覆好，再放入冰箱冷藏保存。
除了直接食用，也可將年糕切塊，裹一層麵糊後油炸，又成為另一道外酥內
軟的美味小點。

份量：直徑8公分圓模6個
最佳賞味期：室溫2天，冷藏7天

材料

A
糯米粉600g
冷水200cc
熱水430cc
蜜紅豆150g

B
二砂糖500g

作法

1 將熱水煮滾，加入二砂糖攪拌至完全融化備用。

2 取一個鋼盆，加入糯米粉，再慢慢加入冷水，拌成米漿。

3 將作法**1**沖到作法**2**，拌成米糊，再加入蜜紅豆拌勻，倒入鋪好年糕紙的模型。

4 蒸鍋水煮滾後，把模型放進去蒸鍋，蓋上鍋蓋，以大火蒸1小時至熟。

5 取出年糕，待冷卻後即可脫模。

桂圓黑糖發糕

發糕若是當天吃不完，必須包覆好再冷藏或冷凍，要食用時再蒸過即可。

發糕作法容易，會失敗的因素，除了發粉失去發酵效果外，大部分是米糊漿太稠或太稀，或模子的深度不夠。

米糊漿太稠或太稀，發糕都無法膨脹且裂開得漂亮。太稠時氣體往上衝的力量被抑制，太稀時衝力又被平均分散。

份量：**6**個飯碗
最佳賞味期：室溫**2**天，冷藏**7**天

材料

A
在來米粉**360g**
低筋麵粉**238g**
泡打粉**18g**
B
細砂糖**100g**
黑糖**100g**
水**602cc**
桂圓乾**60g**

作法

1　材料**A**混合過篩於鋼盆備用。

2　細砂糖、黑糖、水混合，煮至融化後過濾，再加入桂圓乾拌勻備用。

3　將作法**1**慢慢加入作法**2**中拌均勻。

4　再將作法**3**倒入飯碗至**9**分滿，蒸鍋水煮滾後，將飯碗放入蒸鍋，蓋上鍋蓋，以大火蒸**25**分鐘至熟且均勻裂開即可取出。

港式蘿蔔糕

新鮮的臘腸、臘肉較軟，若買到質地較硬的可回蒸一下再使用。
蘿蔔糕除了煎來吃之外，煮湯也非常美味。

份量：長18×寬8×高6公分鋁箔模4個
最佳賞味期：室溫1天，冷藏7天

材料

A
在來米粉500g
蝦米30g
白蘿蔔500g
臘腸2條
臘肉45g

B
鹽15g
細砂糖45g
香油1小匙

C
冷水450cc
滾水1100cc

作法

1 臘腸、臘肉切小片；白蘿蔔去皮切絲，備用。

2 蝦米、臘腸、臘肉放入炒鍋爆香，盛盤備用。

3 在來米粉、材料**B**混合均勻，慢慢加入冷水拌均勻，備用。

4 滾水、白蘿蔔及作法**2**混合後，再沖入作法**3**拌均勻成米糊，倒入鋁箔模。

5 蒸鍋水滾後，將鋁箔模放入蒸鍋，蓋上鍋蓋，以大火蒸**50**分鐘至熟即可取出。

臺式芋頭糕

製作米糊時，若滾水不夠熱，米糊會很稀，若熱水太熱則米糊會太稠。
芋頭不宜切太大塊，否則不易熟透，食用時也會太乾而不容易入口。

份量：長18×寬8×高6公分鋁箔模4個
最佳賞味期：室溫2天，冷藏7天

材料

A
在來米粉500g
蝦米30g
芋頭500g
冷水900cc
滾水1200cc

B
鹽11g
香油10g

作法

1. 芋頭去皮後切丁；蝦米、芋頭分別爆香，備用。

2. 將在來米粉、材料**B**混合拌勻，慢慢加入冷水拌成米漿。

3. 滾水與作法2混合後，略煮3分鐘，再沖入作法3拌均勻成米糊，倒入鋁箔模。

4. 蒸鍋水滾後，將鋁箔膜放入蒸鍋，蓋上鍋蓋，以大火蒸1小時至熟即可取出

牛軋糖

夏威夷果仁先烤過,要加入前,必須先放在烤箱保溫,會比較好拌勻。
煮糖漿的過程要有溫度計,否則很難判斷溫度狀況。
奶油必須先融化,材料需事先備妥,操作時才不會手忙腳亂。

份量:**90**個
最佳賞味期:室溫密封**14**天

材料

A
水**70cc**
細砂糖**200g**
水麥芽**650g**
鹽**6.5g**
B
蛋白**58g**
細砂糖**35g**
C
阿羅利奶油**173g**
奶粉**173g**
夏威夷果仁**500g**
D
包裝紙約**90**張

作法

1　將夏威夷果仁鋪於烤盤,放入已預熱的烤箱,以**75**℃烘烤**30**分鐘,中間記得翻面一次,烤好後放於烤箱保溫。

2　將材料**A**以中火加熱到**90**℃,再加熱到**130**℃。

3　將材料**B**打至濕性發泡,打發的蛋白用打蛋器拉起會自然垂下的程度即為蛋白霜;奶油隔水融化,備用。

4　將蛋白霜分次加入作法**2**中拌勻,依序加入材料**C**融化奶油液、奶粉及夏威夷果仁,趁熱拌勻,倒入長方形烤盤上,上面鋪烤盤布,桿壓成厚度約**1.5**公分。

5　待冷卻,以刀子切成**4**公分長條,分別包上包裝紙即可。

棗泥核桃糖

取少許作法 2 材料放入一碗冷水中,若形成彈性的糰狀,代表所煮糖漿成功。
核桃務必保溫,核桃放進去拌勻時溫度不會降太快,比較好操作。
核桃糖冷卻後較好切與包裝。

份量:50個
最佳賞味期:室溫密封14天

材料

A
核桃200g
B
水麥芽300g
二砂糖150g
水50cc
C
玉米粉45g
水90cc
D
無鹽奶油15g
動物性鮮奶油30cc
E
棗泥225g
F
糯米紙50張
包裝紙50張

作法

1　核桃鋪於烤盤,放入已預熱的烤箱,以150℃烤12分鐘,烤好後放於烤箱保溫;材料B混合均勻;材料C拌勻即為玉米粉水,備用。

2　將材料B以小火煮至130℃,再加入玉米粉水拌勻,接著放入材料D煮滾,放入棗泥熬煮至濃稠。

3　加入烤好的核桃拌勻後,倒入長方形烤盤上,上面鋪烤盤布,桿壓成厚度約1.5公分。

4　待冷卻,以刀子切成4公分長條,先包上糯米紙,再包上包裝紙即可。

農曆1月15日

元宵節

元宵象徵幸福團圓

元宵祭祖吃元宵可從宋代說起，當時有一種食品叫「浮圓子」，直到明朝才被改稱「元宵」。當時每家做元宵、煮元宵，古代為年頭佳兆，元宵煮好後先敬祖先，然後闔家團聚，吃元宵，已是團圓幸福的象徵。

記得兒時，家裡住在小鄉鎮，元宵節時路上掛滿燈籠，也會看到舞龍舞獅表演，我最期待的便是「滾元宵」這個活動。家中會有一大群親朋好友聚集，拿著竹篩一直搖，一邊扭屁股一邊滾元宵，相當有趣的畫面。不過，因為元宵的製作過程比較容易讓粉飛得到處都是，所以現代人漸漸以湯圓取代元宵過節了。正式的元宵節是食用包餡的大湯圓；而冬至則吃沒有包餡的湯圓。

元宵節

元宵節為農曆正月十五日，又稱上元或燈節，是個多彩多姿的節日，也是春節最後一天，所以會熱鬧慶祝，故有「小過年」之稱。民國六十七年時，政府更將元宵節定為「觀光節」，到民國八十一年，在中正紀念堂四周展示各種大型花燈，頗具觀光價值。有關元宵節的起源，認為是漢代宮廷的一種祭典演變而來的，在這個節日裡也有相當多的習俗，例如：燈會、猜燈謎、舞龍舞獅、祭祖等。

芝麻元宵

所謂的滾元宵，即是將餡放在竹篩上反覆滾動的動作。
一般而言元宵的皮較厚實，除了可以水煮還可用炸的。

份量：**20**個
最佳賞味期：現做現吃

 材料

A
黑芝麻粉**50g**
棉白糖**70g**
麥芽糖**50g**
豬油**75g**
B
糯米粉**350g**

作法

1　材料**A**放入鋼盆，拌勻後放入冰箱冷凍定型即為
　　內餡，取出後以挖球器挖成圓形共**20**個，搓圓後
　　放於冰箱冷凍成硬塊備用。

2　取**1**張烤盤紙鋪於竹篩底，均勻鋪上糯米粉備用。

3　將內餡放入作法**2**竹篩，左右搖晃篩子，讓粉沾裹
　　在內餡表面，將內餡取出進一下水，再放回竹篩
　　搖滾，反覆約**20**次即為元宵。

4　將元宵放入滾水，待水再次滾，轉中小火續煮**10**
　　分鐘浮起即可。

紫米花生元宵

餡料中棉白糖可至烘焙材料行購買,外觀為米色且顆粒非常細緻,其入口即化的口感很適合作為湯圓的餡料。

份量:**20**個
最佳賞味期:現做現吃

材料

A
糯米粉**100g**
蓬萊米**50g**
糖粉**30g**
B
紫米**50g**
水**100cc**
C
細花生粉**50g**
棉白糖**70g**
麥芽糖**50g**
豬油**75g**
D
桂花**10g**
冰糖**50g**
蛋白**1**顆
水**1000cc**

作法

1. 紫米洗淨後,加入材料**B**水調勻,過濾後取紫米水**80cc**備用。

2. 材料**C**放入鋼盆,放入冰箱冷凍定型即為內餡,取出後以挖球器挖成圓形共**20**個,搓圓後放於冰箱冷凍成硬塊備用。

3. 糯米粉、蓬萊粉、糖粉混合拌勻,加入紫米水拌勻成米糰,取一小塊米糰放入滾水煮**1**分鐘,再與原本生麵糰揉均勻,放置醒**10**分鐘,再分成**20**個即為外皮。

4. 取**1**份外皮,包入**1**份內餡,全部**20**個搓圓後備用。

5. 將元宵放入滾水,待水再次滾,轉中小火續煮**10**分鐘浮起即可。

6. 取材料**D**的**1000cc**水加入湯鍋煮滾,加入桂花,泡**3**分鐘後過濾,再加入冰糖煮融化,加入蛋白液,即為桂花糖水。

7. 食用時,將作法**5**元宵撈進作法**6**桂花糖水即可。

客家什錦鹹湯圓

蝦米洗淨即可,不可過度浸泡,可避免蝦米本身鮮甜味完全流失。
製作湯圓皮時,水溫會影響糊化的程度,若太稀可隔水加熱的方式補救;若太稠可加點糯米粉來補救。

份量:**20**個
最佳賞味期:現做現吃

材料

A
糯米粉**300g**
鹽**1g**
冷水**100g**
滾水**100g**
B
香菇**5**朵
韭菜**1**棵
青蒜**1**支
芹菜**1**棵
蝦米**10g**
C
豬絞肉**200g**
水**20cc**
D
醬油**4g**
鹽少許
薑**10g**
香油**4g**
太白粉**5g**
E
鹽**1**小匙
白胡椒粉**1/2**小匙

作法

1. 豬絞肉拌打出膠質,分**3**次加入材料**C**的水,再拌打至水完全吸收,加入材料**D**拌勻即為餡料,將餡料分成**20**個,再放入冰箱冷藏定型備用。

2. 香菇泡軟後切絲;韭菜、青蒜切段;芹菜切碎;蝦米洗淨,備用。

3. 糯米粉、鹽混合,加入冷水拌均勻,再沖入滾水揉成米糰,放置醒**10**分鐘,分成**20**個即為外皮。

4. 取**1**份外皮,包入**1**份餡料,搓圓,放入滾水,待水再次滾,轉中小火續煮**10**分鐘浮起即可。

5. 爆香蝦米、香菇、青蒜,加入**1000cc**水煮滾,再加入材料**E**調味,放入煮好的鹹湯圓、芹菜及韭菜即可。

Festival

國曆2月14日

西洋情人節

西洋情人節

　　西洋情人節起源於西元三世紀的羅馬，一位叫做華倫泰（Valentine）的修士，不顧禁婚從君的暴政，而願意私下為許多未婚男女主持婚禮，後來不幸被逮捕，並於2月14日被砍頭，之後，人們將這天定為情人節。

　　3月14日的白色情人節源自日本民間。後來情人節互贈禮物已不分男女，如果一方在2月14日當天收到異性送的禮物表達愛意，而且自己對對方也有同樣的好感或情意時，就會在3月14日回送一份禮物給對方，那就表示彼此已經心心相印了，這就是白色情人節的由來。

榛果金莎巧克力

金莎巧克力是由義大利糖果廠費列羅生產。球型的巧克力有三層構造，外面蓋著巧克力及杏仁碎，中間是一層薄脆，核心則是香濃的榛果醬及一粒榛果，包上金色鋁箔紙，再以咖啡色小紙杯裝盛，便是質感滿載的金莎巧克力。為了讓大家可以輕鬆在家製作，這些材料在一般烘焙材料行都可以買到，有苦甜巧克力、榛果、無鹽奶油、鮮奶油及巧克力威化餅等，做出相似度很高的榛果金莎巧克力。金莎源自於比利時特級巧克力品牌，採用比利時上等巧克力，首創多層式結構，以香濃滑順的牛奶巧克力搭配榛子、杏仁、花生，多重口感組合，同時滿足了嗅覺與味覺的雙重享受。

巧克力的原料可可亞，來自於一種深咖啡色，並具有苦味的果實「可可豆」。近年來，生化學家已證實可可亞含有一種黃酮類成分，具抗氧化功能，可對抗自由基，預防身體老化、動脈硬化，對於心臟血管的疾病非常有幫助。巧克力本身也含有些許咖啡因，對於因失眠所造成的輕微頭痛，有緩解的作用。巧克力也是女孩們的好朋友，因為巧克力中的糖分可以刺激大腦分泌血清素和腦內啡，使人產生愉悅感，紓解因經痛所產生的不適；鎂則可以放鬆緊繃的子宮肌肉，避免過度收縮。

但是，巧克力要吃得健康，就要適可而止，因為儘管一顆金莎巧克力看來小巧精緻，但三顆的熱量就等於一碗白米飯（**225**大卡），且無法帶來飽足感，因此要當心。當你以預防心臟血管疾病或增強抵抗力為由而放肆大啖巧克力的同時，可能也在威脅著你的腰圍喔！

草莓塔

像愛情一樣酸酸甜甜的草莓塔，塔皮香酥濃郁，卡士達內餡搭配上新鮮草莓，在視覺和味覺上都是享受。草莓塔裡填充了酸甜的草莓、奶油餡，吃起來很有層次感，更能襯托上面新鮮草莓的甜美。可以搭配氣泡酒一起食用，微酸微甜的濃郁韻味交織在口中，有著幸福的滋味，非常適合甜蜜的情人節和另一半品嚐。

草莓是一種營養價值很高、頗受歡迎的鮮食水果，除了酸甜爽口、芳香濃郁、風味獨特外，更富含礦物質及維生素**C**，其維生素**C**的含量比蘋果和葡萄高出**100**倍以上，有助於牙齒、骨骼、血管、肌肉維持正常功能，促進傷口癒合，也能形成抗體以增強人體的抵抗力。

雖然草莓非常有益健康，但它也是過敏食物之一，過敏體質的人恐怕無福享受草莓的營養與美味。沒有過敏體質的人也需注意草莓的農藥殘餘疑慮，所以，一定要選擇無毒或有機種植的草莓為宜。草莓和藍莓、覆盆子一樣，含有草酸鹽，不適合有腎臟和膽囊疾病的人食用。此外，碳酸鹽也會阻礙鈣質吸收，所以，草莓不適合和高鈣食物一起食用，若要服用鈣片，時間也需隔開**2～3**小時。

黑磚蜜糖吐司

　　蜜糖吐司又稱為 **Honey toast**，是一種從日本傳入國內的下午茶甜點。其實就是將吐司厚塊沾上奶油和細砂糖，烤至外酥內軟，扣上冰淇淋，擺上新鮮水果，淋上煉乳及巧克力醬就可以了。烤製酥香程度剛剛好的蜜糖吐司，被繽紛的水果裝飾，看起來華麗可口。黑磚蜜糖吐司是沿用蜜糖吐司的基底，以黑糖粉取代細砂糖，多了黑糖的風味，口感更豐富。

　　一般常見的蜜糖吐司是利用吐司邊將吐司磚和內餡圍起來，但也有直接放在外面，再將餡料與吐司磚層層堆疊起來擺盤，坊間多採用第二種呈現方式，吃起來比較優雅且方便，也不會有邊吃邊掉餡料的困擾。將吐司條沾點冰淇淋、水果一起吃相當棒，至於四面的吐司邊，則可另外烤得酥酥脆脆，抹點冰淇淋或是沾楓糖漿食用，裡面還是保持著鬆軟的口感。這是一道非常簡單的西洋情人節點心，材料容易取得，兩人一起製作可享受更多甜蜜的歡樂時光。

彩遊摩天輪餅

　　彩遊摩天輪的原產地是花蓮，由豐興餅舖第三代老闆所研發的。摩天輪餅也被稱為雷古多、年輪餅、唱片餅、木輪餅，因為外型像舊唱片，又名唱片餅，又形似樹木年輪，有人稱「年輪餅」，只差沒有放唱片的轉檯而已，口味和外形都會勾起人們對古早時代的回憶，吃著唱片餅，聽著懷舊歌曲，真的有回到四、五十年代的感覺。摩天輪餅口味很簡單，酥脆餅層淋上色彩繽紛的果醬、撒上砂糖粒，低溫慢慢把麵包和果醬都烤乾，吃起來鬆鬆乾乾的，組織幾乎是一捏就碎，蓬鬆的餅乾體帶有酥、脆、香的過癮咀嚼感，非常適合當作解饞小點心。

　　唱片餅最早的作法是將白吐司麵包抹上奶油、細砂糖，再放入烤箱烘焙。現今則發展出各式果醬口味，做成外型像大蒜麵包切片狀，上面再擠上一圈一圈色彩繽紛的螺旋條紋果醬，入口略帶膨鬆又有點紮實的咬勁，嚐起來酥酥香甜，每吃進一口都讓人忘不了那爽快卻又滿嘴生甜的口感。不過，在享受這道美食時，記得要小塊小塊掰下來吃，別整片一口咬下，不然可是會出現像是「啃唱片」的有趣畫面且容易掉滿地。

彩遊摩天輪餅

切下來的吐司邊不要浪費，可烤過後搭配濃湯或是做成黑磚蜜糖吐司（見 **p36**）。

烤吐司時必須使用低溫烘烤，這樣吐司才會有酥脆口感，又不易烤焦。

若沒有瓶子或擠花袋裝盛果醬，也可盛入塑膠袋，記得洞口要剪小一點，否則紋路太粗將影響美觀。

份量：直徑約**7**公分**4**片
最佳賞味期：室溫密封**5**天

材料

A
厚片吐司**4**片

B
無鹽奶油**100g**
細砂糖適量

C
奇異果醬適量
草莓果醬適量
橘子果醬適量
藍莓果醬適量

作法

1　厚片吐司冷凍至稍硬，以圓型模具壓成直徑約**7**公分圓形。

2　無鹽奶油隔水融化，將圓形吐司兩面刷上一層奶油，均勻撒上少許細砂糖備用。

3　擠花袋套上平口花嘴，將所有果醬分裝於擠花袋中，以畫螺旋的方法畫在吐司上。

4　放入預熱完成的烤箱，以**100**℃烤**40**～**50**分鐘至脆硬即可。

榛果金莎巧克力

巧克力成品保存時不可放在潮濕及溫度太高的地方。
如果想讓外表有杏仁角，可將作法 5 省略。
隔水加熱的步驟，也可使用微波爐來融化。

份量：25個
最佳賞味期：室溫密封10天，冷藏密封30天

材料

A
苦甜巧克力225g
動物性鮮奶油110cc
無鹽奶油10g

B
杏仁角50g
巧克力威化餅4片
榛果25粒

C
苦甜巧克力80g

D
金色包裝紙25張

作法

1　杏仁角放入預熱完成的烤箱，以**150**℃烤**8**分鐘烤香；巧克力威化餅捏碎，備用。

2　材料**A**隔水加熱融化拌勻備用。

3　作法**2**、烤好的巧克力、威化餅混合拌勻，再放入冰箱冷藏凝固。

4　取出作法3的巧克力糰，分成**25**份，每份中間包入**1**粒榛果，搓成圓形備用。

5　將材料**C**隔水融化，再將作法**4**巧克力球放入沾裹一層後放於涼架，待凝固。

6　取金色包裝紙包裹每一顆榛果巧克力球即可。

草莓塔

卡士達醬完成後，需立刻蓋上保鮮膜才能放涼，否則表面容易產生硬皮。
洗好的草莓、藍莓要用餐巾紙擦乾水分，否則放在卡士達醬上，容易導致成品腐壞。

份量：6吋2個
最佳賞味期：冷藏3天

材料

A
無鹽奶油140g
細砂糖70g
全蛋1顆
低筋麵粉245g
鹽1/8小匙
B
牛奶400cc
蛋黃4顆
低筋麵粉30g
細砂糖100g
玉米粉40g
香草精1/8小匙
C
草莓400g
藍莓10粒
防潮糖粉適量
薄荷葉少許

作法

1 材料A的奶油以打蛋器打至軟化稍白約5分發程度。

2 放入細砂糖拌勻，接著分兩次放入打散的蛋黃拌勻，再放入過篩的低筋麵粉、鹽拌勻成塔皮麵糰，放入冰箱，冷藏1小時鬆弛備用。

3 取出冰好的麵糰放於桌面，桿成厚度0.3公分左右的麵皮，再鋪入6吋派盤中，將多餘的麵皮切除，周圍捏合緊貼於派盤，用叉子均勻叉出數個洞。

4 放入已預熱好的烤箱，以170℃烤30分鐘，取出放涼即為塔皮。

5 材料B牛奶外的其他材料混合拌勻，接著加入牛奶開始加熱，以打蛋器攪打至濃稠即為卡士達醬，蓋上保鮮膜，放涼後放入冰箱冷藏備用。

6 藍莓洗淨；草莓洗乾淨，去掉蒂頭，全部擦乾水分備用。

7 將冷藏後的卡士達醬擠入塔皮中，均勻鋪上草莓、藍莓，最後撒上糖粉，放上薄荷葉裝飾即可。

黑磚蜜糖吐司

只要是季節性且水分少的水果都可以使用。
若買不到厚片吐司，也可用一般薄片吐司代替。

份量：**2**人份
最佳賞味期：現做現吃

材料

A
厚片吐司**4**片
無鹽奶油**60g**
黑糖**50g**
B
奇異果**1**顆
香蕉**1**條
草莓**5**粒
罐裝水蜜桃**1**塊
C
棉花糖**8**個
香草冰淇淋**2～3**球
D
巧克力醬適量
煉乳適量
薄荷葉少許

作法

1　厚片吐司切丁；奇異果和香蕉切塊狀；草莓洗淨後去蒂頭，對切，備用。

2　將材料**B**奶油隔水融化，吐司丁沾上奶油後，均勻撒上黑糖，放入已預熱的烤箱，以**170**℃烘烤約**10**分鐘至上色，取出放涼備用。

3　將放涼的吐司擺盤，鋪上棉花糖及水果，扣上冰淇淋，淋上巧克力、煉乳，最後以薄荷葉裝飾即可。

國曆3月21日

復活節

十字麵包

　　十字麵包是復活節的傳統美食，加入肉桂粉、豆蔻粉、薑粉、丁香、葡萄乾、橘子皮等醃漬水果和綜合香料，可增加風味。因此，儘管基底麵包就是一般的小餐包，但是由於包含了大量的果乾和各種香料，麵包表面又刷上楓糖，因此吃起來香氣迷人且材料豐富可口。十字麵包重點為上面所裝飾的十字架，通常是用奶油、糖、奶油乳酪等混合製成的糖霜畫於麵包表面，也可用較稀的麵糰揉成條再交叉貼於麵包表面即可。一般來說，除了表面的十字之外，其實就是坊間常見的葡萄乾麵包，但又多了淡淡的肉桂風味。

　　由於西方人會在復活節當天早上特地烤一爐軟綿綿、熱騰騰的十字麵包來慶祝復活節，因此又被稱為「**Hot Cross Buns**」，據說是起源於一首英國童謠。美國則因多元文化，各式宗教同時並存，所以當學校在復活節販售十字麵包時，曾引起非基督教徒的不滿，所以在西元**2003**年開始，許多學校都停止供應此麵包。然而，十字麵包仍不失為一個容易製作又討喜可口的點心。

復活節

　　復活節又稱主復活日，是現今基督教徒重要節日之一，在每年春分月圓之後第一個星期日以後（每年3月21日），出現月圓後的第一個星期日，就是復活節。惟計算復活節的方法，自古以來皆十分複雜，而羅馬教會與東正教會的計算亦略有差異，因此，東、西方復活節可以在不同日子出現。

　　耶穌在3月21日復活，基督徒以復活蛋比喻為「新生命的開始」，象徵「耶穌復活、走出石墓」，不過在耶穌基督降生前，蛋便經常用來象徵生命的復活，代表「生命、多產、更新」的意義，西方人相信蛋是有兩次生命的，第一次是「新生」，第二次則是「重生」，重生便是象徵復活。

紅蘿蔔杯子蛋糕

　　紅蘿蔔蛋糕在英國很常見，店家大多做成夾心蛋糕的形式，一層混合了紅蘿蔔泥的蛋糕，一層奶油糖霜，層層堆疊而成即可，本書則做成杯子蛋糕的形式更容易操作。紅蘿蔔中含有蛋白質、醣類、鈣、鐵、磷、維生素Ａ、纖維素、胡蘿蔔素、茄紅素等營養，可以改善便秘狀況，有助於眼睛和皮膚保健，增加免疫力，防癌抗老化，降低女性得卵巢癌的機會。

　　許多小朋友討厭吃紅蘿蔔，覺得它有青澀腥氣的草味，往往將紅蘿蔔直接挑出來不吃，但紅蘿蔔的營養價值很高。若將紅蘿蔔磨成泥做成蛋糕，小朋友便會意外發現澀的土味都不見，只有甘甜的香氣，才知道原來紅蘿蔔可以變這麼好吃。紅蘿蔔杯子蛋糕熱熱吃有紮實健康的口感；放涼後擠上奶油糖霜，又能變身成優雅的下午茶點。

巧克力彩蛋

　　西方國家在慶祝復活節時，會特別裝飾彩蛋。傳統上是使用經過染色、彩繪的蛋，在復活節時，天主教信徒會把蛋塗成紅色，請神父祝聖，自己也當成禮物送給朋友，這就是送彩蛋的最早起源。而現代的習慣通常是使用蛋狀的巧克力代替，是由主婦們將蛋煮熟，染上各種漂亮的顏色，然後與甜食一起放在長得像鳥巢的籃子裡，藏在院子中，讓小孩子們享受尋寶的樂趣，彩蛋是復活節的象徵性物品，表達友誼、關愛和祝願。

　　為什麼復活節和彩蛋、兔子有關？據說是因為兔子都在春天生寶寶，而且一生就是一整窩，生育力強，所以也代表著「富饒」的意思，呼應著人們在春天播種時期盼好年冬的心情，成為迎接春天的代表；而蛋跟兔子一樣，有著「生命、多產、更新」的意義。相傳以前兔子會在春天時到農舍或院子裡找食物，因為牠們不畏懼人，所以人們便告訴小朋友，院子裡的彩蛋是兔子下的，孩子們只要能找到禮物就很開心，所以這個不合邏輯的說法便就此流傳下來。

十字麵包

溫水的溫度不可超過 **40**℃，否則酵母容易死掉。
如果沒有楓糖漿，也可以蜂蜜代替。

份量：**8**個
最佳賞味期：室溫**3**天，冷藏**7**天

材料

A
高筋麵粉**4855g**
乾酵母粉**10g**
溫水**220cc**
全蛋**2**顆
無鹽奶油**30g**
葡萄乾**80g**

B
細砂糖**20g**
肉桂粉**1/4**小匙
荳蔻粉**1/4**小匙
丁香粉**1/4**小匙
薑粉**1/4**小匙

C
高筋麵粉**50g**
水**25cc**

D
楓糖漿 **1**大匙

作法

1 先取一半的溫水和乾酵母粉混合拌勻，放置一旁備用。

2 高筋麵粉過篩於鋼盆，放入材料**B**，分次加入剩下的溫水和全蛋，拌揉均勻，接著加入無鹽奶油拌揉至不黏手，再加入葡萄乾拌勻。

3 將揉好的麵糰放入鋼盆中，蓋上保鮮膜，待發酵至兩倍大。

4 取出發酵好的麵糰，分成**8**等份，揉圓，蓋上保鮮膜待發酵至兩倍大。

5 材料**C**混合均勻，搓成長條狀，交叉鋪於麵糰上，呈現十字型。

6 將麵糰放入已預熱的烤箱，以上火**180**℃、下火**170**℃烤**15**分鐘至熟，取出，於麵包表面刷上楓糖漿即可。

紅蘿蔔
杯子蛋糕

蘋果切絲後若不立即使用，則需泡入鹽水，否則果肉會變色發黃。
如果不喜歡紅蘿蔔味道，可先用沸水燙過，再將水分擦乾使用。
作法 3 的麵糊不可用力攪打，否則口感會像麵包一樣。

份量：**6個**
最佳賞味期：**室溫3天，冷藏5天**

材料

A
紅蘿蔔**100g**
蘋果**1顆**

B
低筋麵粉**500g**
鹽**1/4小匙**
荳蔻粉**1/4小匙**
泡打粉**3小匙**
全蛋**7顆**
細砂糖**240g**
沙拉油**270cc**

C
義大利蛋白霜粉**100g**
糖粉**100g**
水少許

D
食用紅色色素少許
牙籤**1根**

E
紅蘿蔔少許
巴西里葉少許

作法

1　紅蘿蔔、蘋果削皮後切絲備用。

2　材料**B**低筋麵粉過篩於鋼盆，加入鹽、荳蔻粉及泡打粉混合拌勻；全蛋、細砂糖打散，加入沙拉油拌勻，備用。

3　將作法**2**的材料一起混合，以按壓的方式輕輕拌勻成糊狀，倒入紙杯中，放入已預熱好的烤箱，以**170**℃烤**25**分鐘至上色即可取出。

4　將材料**C**揉成糰，先揉成小長條，用剪刀剪出兔子造型，牙籤沾點紅色食用色素，在眼睛的地方各點一下。

5　材料**E**的紅蘿蔔以水果刀削成小蘿蔔狀，上端以巴西里葉點綴。再將小兔子和紅蘿蔔放在烤好的蛋糕上裝飾即可。

巧克力彩蛋

若不使用色素，亦可使用白巧克力。
如果沒有材料 **B**，中間也不需要放入餡料。
放入模型中的巧克力要多一點，否則巧克力蛋殼容易破裂。

份量：**8**顆
最佳賞味期：室溫密封**14**天

材料

A
苦甜巧克力**100g**
烤過核桃碎**25g**
蘭姆酒**1**小匙
B
白巧克力**450g**
黃色食用色素少許
綠色食用色素少許
藍色食用色素少許

作法

1　材料**A**苦甜巧克力隔水融化，與蘭姆酒、烤過核桃碎拌勻，分成**8**份，放入冰箱冷藏備用。

2　白巧克力分成**3**份，隔水加熱融化，利用食用色素染成個人喜愛的顏色。

3　將作法**2**白巧克力，淋在雞蛋型巧克力模型，有多餘的巧克力需倒出，再放入冰箱冷凍至巧克力變硬。

4　取出作法**3**，在蛋的中間放入作法**1**材料，再淋上作法**2**的白巧克力，放入冰箱冷凍。

5　將作法**4**的半圓形蛋取出，剖面的部分以鐵盤隔水加熱，再與另外半顆蛋黏在一起即成一顆完整蛋，依序將其他蛋完成，包裝裝飾即可。

清明節

國曆4月5日

清明節

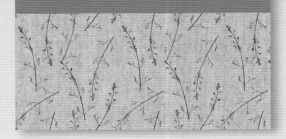

清明節的起源，據傳始於古代帝王將相「墓祭」之禮，後來民間亦相仿效，於此日祭祖掃墓，歷代沿襲而成為中華民族一種固定的風俗。掃墓已成為清明節日的重要事宜，現代人因工作忙碌或外地居住，不一定會剛好在國曆4月5日當天掃墓祭祖，多半會選擇此日子的前後方便時間完成。

劉邦拋紙片尋父母墓碑

相傳在秦朝末年，漢高祖劉邦和西楚霸王項羽，大戰好幾回合終取得天下，他光榮返鄉時，想要到父母親的墳墓祭拜，卻因連年的戰爭，使得一座座的墳墓上長滿雜草，墓碑東倒西歪，有的斷落，有的破裂，而無法辨認碑上的文字。劉邦非常難過，雖然部下幫他翻遍所有的墓碑，直到黃昏還是無法找到他父母的墳墓。

最後，劉邦從衣袖裡拿出一張紙，用手撕成許多小碎片，緊緊捏在手上，然後向上蒼禱告說：「爹娘在天有靈，現在風刮得這麼大，我將這些小紙片拋向空中，如果紙片落在一個地方，風都吹不動，就是爹娘的墳墓。」說完劉邦把紙片向空中拋，果然有一片紙片落在一座墳墓上，不論風怎麼吹都吹不動，劉邦跑過去仔細瞧一瞧模糊的墓碑，果然看到他父母的名字刻在上面。後來民間的百姓，也和劉邦一樣每年的清明節都到祖先的墳墓祭拜，並且用小土塊壓幾張紙片在墳上，表示這座墳墓是有人祭掃的。

墓粿

古俗還有將部分祭拜完的紅龜粿、麵粿、草仔粿，分發給小孩子食用，若不夠分時，也會以硬幣代替，稱為「要（揖）墓粿」。其意義是表示福份分享、祖德流芳，以要（揖）墓粿的孩童多寡來象徵家道的興旺與否。

潤餅

清明節有吃潤餅的習俗，潤餅是以麵粉做成薄皮，內包豆芽菜、紅蘿蔔絲、筍絲及肉絲、豆乾絲及蛋皮等，撒上花生粉及糖粉，捲成枕頭狀即可食用。清明前後往往細雨飄飄，微風吹拂，適合掃墓祭祖，唐代詩人杜牧「清明時節雨紛紛，路上行人欲斷魂。借問酒家何處有，牧童遙指杏花村。」的名句即是清明寫照。

紅龜粿

綠豆餡為綠豆沙加入少許薑末略炒，待涼即可使用；亦可換成紅豆餡替代。
蒸製火候不宜過大，火太大時容易導致紅龜紋路模糊且變形。
紅龜粿不宜放超過 2 天，否則很容易變硬而影響口感。

份量：**5**個
最佳賞味期：室溫**2**天

材料

A
水**240cc**
細砂糖**75g**
糯米粉**300g**
豬油**15g**
天然紅花染色素少許
B
綠豆餡**400g**
玻璃紙適量

作法

1 細砂糖加水拌勻溶解，再加入糯米粉拌勻為漿糰備用。

2 取**10%**的作法**1**漿糰放入滾水中，以大火煮至浮起，將其加入剩餘的生漿糰中，並加入豬油充分搓揉均勻約**10**分鐘後，靜置鬆弛**30**分鐘。

3 加入天然紅花染色素於漿糰中，揉成糯米粉糰。

4 將糯米粉糰分成**5**份；綠豆餡分成每個**80g**，備用。

5 取**1**份糯米粉糰壓扁，中間放入**1**份豆沙餡，包成圓型，依序完成其他**4**份。

6 以手掌將包好的糯米粉糰壓扁成約**0.8**公分厚度，外緣較厚的橢圓形，放入塗油的模型中，壓成龜型。

7 將玻璃紙（或香蕉葉）表面均勻抹上少許油，再將脫模的作法**6**紅龜粿放在玻璃紙上面，放入蒸籠中。

8 蒸鍋水滾後，將紅龜粿放入蒸鍋，蓋上鍋蓋，以小火蒸約**15～20**分鐘，取出冷卻後即可食用。

叉燒潤餅

蛋液在油炸時,需邊炸邊以筷子快速攪動,才能炸成酥香的蛋酥。
汆燙後的蔬菜務必擠乾水分,否則容易造成破皮狀況。

份量:4個
最佳賞味期:現做現吃

 材料

A
高筋麵粉300g
鹽1g
水240cc
B
花生粉2大匙
細砂糖1大匙

C
豆乾片3塊
叉燒肉片200g
全蛋2個
高麗菜絲200g
豆芽菜100g
紅蘿蔔絲50g

作法

1 高筋麵粉過篩於調理盆,加入鹽,慢慢倒入水,並且邊甩打出筋性,約10分鐘,蓋上保鮮膜,放入冰箱冷藏1天備用。

2 取作法1麵糊拌勻,並在加溫的平底鍋上,以手持麵糰糊,刷上薄薄一層麵皮,待邊緣翹起即可取出,即為潤餅皮。

3 蛋打散,倒入高溫約200℃油鍋中,邊炸邊以筷子攪動後呈金黃,撈起後瀝乾即為蛋酥。

4 將高麗菜絲、豆芽菜及紅蘿蔔絲以滾水汆燙,瀝乾備用。

5 取2張潤餅皮平鋪於砧板上,依序鋪上適量材料C,鋪上混合均勻的材料B,捲起成枕頭狀即可。

XO 醬芋粿巧

水磨粉口感富彈性，蓬萊米粉可以用在來米粉代替，但口感較鬆。
蒸盤需鋪蒸籠布，以防沾黏。

份量：**24**個
最佳賞味期：現做現吃

材料

A
糯米粉**200g**
蓬萊米粉**100g**
地瓜粉**100g**
水**280g**
B
芋頭**320g**
蝦米**20g**
沙拉油**40g**
紅蔥頭**20g**
C
鹽**6g**
XO醬**10g**
白胡椒粉**2g**
醬油**10g**
細砂糖**10g**

作法

1　紅蔥頭切碎；蝦米泡水後瀝乾；芋頭去皮後切丁，備用。

2　糯米粉、蓬萊米粉、地瓜粉過篩於調理盆混合均勻，慢慢倒入水拌勻成漿糰，靜置鬆弛約**20**分鐘。

3　沙拉油倒入鍋中，加熱，爆香紅蔥頭碎、蝦米後，加入芋頭、材料**C**拌炒至香味釋出即為餡料。

4　將餡料與漿糰混合均勻，再搓揉成長條，分割成**24**個小糰，分別整成彎月型，間隔排入已鋪蒸籠紙的蒸籠。

5　蒸鍋水滾後，將芋粿巧放入蒸鍋，蓋上鍋蓋，以中大火蒸約**20**分鐘即可。

草仔粿

糯米粉與蓬萊米粉混合後比較爽口，也比較能定型不會軟塌。
餡料的鹹度，可增減醬油量來調整。
蒸煮時間到前，稍微掀開蒸鍋蓋讓蒸氣從旁邊跑出，可以避免草仔粿脹得太大再塌下而變形。

份量：16個
最佳賞味期：室溫2天，冷藏3天

材料

A
糯米粉280g
蓬萊米粉100g
地瓜粉100g
豬油20g
冷水150cc
滾水270cc

B
細砂糖2大匙
鼠麴草末100g

C
豬絞肉300g
蝦米3又1/2大匙
蘿蔔絲乾85g
油蔥酥3又1/2大匙

D
沙拉油3大匙
醬油3大匙
白胡椒粉適量

作法

1 將蘿蔔絲乾洗淨後瀝乾水分，剪成小段；蝦米洗淨後瀝乾，備用。

2 起油鍋，加入材料**D**的沙拉油，先爆香蝦米，加入絞肉翻炒至鬆散，加入醬油、白胡椒粉拌勻，加入蘿蔔絲乾炒勻後熄火，加入油蔥酥炒勻，盛盤後放涼即為餡料。

3 將糯米粉、蓬萊米粉、地瓜粉、豬油與冷水拌勻成糯米粉漿，再沖入滾水揉成米糰，依序加入材料**B**混合均勻，揉製成光滑有彈性的糯米粉糰。

4 將作法3平均分成16份，壓成中間厚邊緣薄狀，再分別包入作法2餡料，整圓後放入鋪蒸籠紙的蒸籠中。

5 蒸鍋水滾後，將草仔粿放入蒸鍋，蓋上鍋蓋，以小火蒸約8分鐘，掀蓋透一下風，再蒸2分鐘，取出稍涼即可食用。

丁仔

白鐵蒸鍋因水氣易回滴，所以建議使用竹蒸籠，或將鍋蓋整個包上棉布再使用。
紅花水為天然紅色素，但孕婦不可食用。

份量：15個
最佳賞味期：室溫2天，冷藏7天

材料

A
老麵100g
中筋麵粉300g
細砂糖20g
鹽少許
B
乾酵母粉3g
水170cc
C
中筋麵粉50g
D
綠豆沙2520g（見p74）
E
紅花3g
水150cc

作法

1　材料A放入鋼盆中，將材料B混合均勻後慢慢加入鋼盆一起揉勻成糰。

2　取另一個鋼盆，噴少許水，再將麵糰放入鋼盆，再蓋上擠乾的濕布，放置醒麵2～3小時至原來2.5倍大。

3　取出麵糰，加入材料C揉勻，桿成厚度1公分長方形，再捲成圓柱狀，分切成15份；綠豆沙分成每個150g，備用。

4　每份麵糰桿開呈外薄內厚狀，包入1份內餡後整成長橢圓形，放入鋪蒸籠紙的蒸籠醒約60分鐘，噴點水後放於煮滾水的蒸鍋上。

5　蓋上鍋蓋，以中火蒸10分鐘，掀蓋透一下風，再蒸3分鐘，取出，刷上調勻的材料E紅花水即可。

端午節

農曆5月5日

愛國詩人屈原投江

相傳在春秋時代，秦國國君想以通婚之名來陷害楚懷王，愛國詩人屈原極力反對，但楚懷王並沒有聽信屈原的諫言，反而造成了一些大臣對楚懷王讒言流語毀謗屈原，於是楚王便將屈原流放到邊境，後來楚王果真被秦王在秦國殺掉了。屈原聽到這個消息十分難過，寫下了絕筆作「懷沙」後，懷石投汨羅江自盡，當地的百姓被屈原的愛國情操所感動，於是就用竹葉包著糯米的飯糰投進江中給魚吃，希望魚不要吃屈原的屍體，後來世人便在每年的農曆5月5日，也就是屈原自殺的這一天，有了包粽子的習俗，將這天稱為端午節。

粽子

端午節慶食俗當然少不了最熱門的「粽子」，在臺灣又分為「南煮北蒸」。北部粽是將糯米先炒過，再包入豬肉，香菇、蝦米、鹹蛋黃等配料於竹葉中蒸熟；而南部粽則以生糯米混合花生，包在月桃葉中再直接煮熟。記得高中時，自己製作鹼粽到菜市場販賣，只花了2個小時就賣完了，而且淨利達5000元，便開始後悔早知道就多包一些。不過想想，雖然只花2個小時銷售，但我卻花了6個小時包裹，所以要多賺一點還是得先熟練包粽技術。

端午節又稱天中節，農曆五月以後，天氣漸漸炎熱，因此蚊蟲蒼蠅孳生，傳染病很容易發生，所以古人稱五月為「惡月」或「百毒月」，意謂到了端午節，陽光最為熾熱，百毒齊出。古人就用天中五瑞（五種植物）：菖蒲、艾草、石榴花、蒜頭、山丹，以去除各種毒害，可說是中國古代的衛生節。民國成立以後訂為「夏節」；另外，為紀念愛國詩人屈原又稱「詩人節」；家家戶戶懸掛菖蒲避邪，又稱「蒲節」。

端午節

健康沾醬 DIY

特製肉粽沾醬

份量：396公克
最佳賞味期：冷藏14天

 材料

A
B.B辣椒醬41g、醬油膏140g、海山醬
140g、去皮蒜頭35g、甜辣醬40g
B
冷開水50cc

 作法

1　所有材料放入果汁機，攪拌均勻。
2　再加入冷開水攪拌均勻即可。

蒜蓉醬

份量：230公克
最佳賞味期：冷藏14天

 材料

A
醬油膏100g、去皮蒜頭30g、細砂糖
50g
B
冷開水50cc

 作法

1　所有材料放入果汁機，攪拌均勻。
2　再加入冷開水攪拌均勻即可。

甜辣醬

份量：385公克
最佳賞味期：冷藏14天

 材料

A
味噌180g、蕃茄醬90g、細砂糖60g、
B.B辣椒醬6g
B
冷開水50cc

 作法

1　所有材料放入果汁機，攪拌均勻。
2　再加入冷開水攪拌均勻即可。

臺灣北部粽

棕葉光滑面向內，避免食用時割到嘴。
滷肉汁的白胡椒粉、五香粉可用滷包替代，滷包中可裝 **6g** 胡椒粒、**2g** 花椒、**6g** 八角、**3g** 丁香、**3g** 陳皮、**3g** 肉桂、**3g** 甘草 **3g**，風味更佳。

材料

A
長糯米600g
水420cc
B
梅花肉片500g
香菇10朵
紅蔥頭20g
沙拉油70cc
鹹蛋黃5顆
C
醬油120g
水1950cc
白胡椒粉4g
五香粉2g
冰糖16g
香油20g
豬油50g
D
鹽1g
細砂糖15g
白胡椒粉3g
五香粉6g
醬油56g
E
棕葉20張
棉繩1串

作法

1 長糯米浸泡水一夜，瀝乾水分；紅蔥頭切圓片，用沙拉油爆香，盛起後待涼；香菇對切；鹹蛋黃1開2；棕葉去梗後洗淨，備用。

2 取一個湯鍋，加入材料**C**煮滾，加入材料**B**，轉小火燜滷30分鐘。

3 材料**A**放入蒸鍋，以大火蒸20分鐘，關火後燜5分鐘，與作法**2**、紅蔥頭片，在文火上拌勻備用。

4 取2張棕葉重疊，捲成漏斗狀（圖**1**），鋪上一層糯米飯（圖**2**），放入梅花肉片、香菇、鹹蛋黃（圖**3**），再鋪一層糯米飯（圖**4**）。

5 將棕葉折回，包成拳頭大粽子（圖**5**、**6**），用棕繩綁繞兩圈（圖**7**），打結固定，所有粽子放入蒸籠，以大火蒸6分鐘即可。

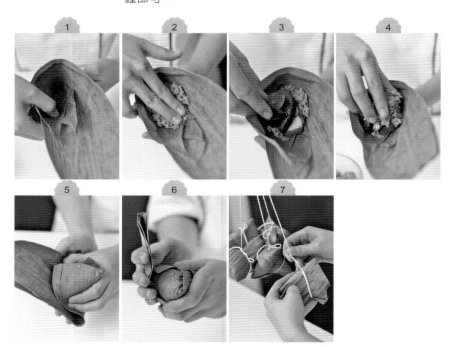

份量：**10**個
最佳賞味期：室溫**1**天；冷凍**14**天

湖州鮮肉粽

糯米浸泡，以及醃肉的時間，都要足夠，味道和香味才會好。

材料

A
長糯米**1000g**
水**600cc**
梅花肉**1000g**

B
醬油**100cc**

C
醬油**120cc**
細砂糖**2**大匙
白胡椒粉**1**大匙

D
棕葉**40**張
棉繩**1**串

作法

1 將長糯米浸泡水一夜，瀝乾水分；加入材料**B**拌勻，放置數小時讓米入味備用。

2 梅花肉逆紋切成**20～40**份長條，加入拌勻的材料**C**醃漬一夜待入味備用。

3 棕葉去梗後洗淨，取**2**張棕葉重疊，捲成漏斗狀（圖**1**），鋪上**1**大匙糯米（圖**2**），放入**1～2**條梅花肉（圖**3**），再鋪一層糯米飯（圖**4**）。

4 將棕葉折回，包成較長的粽子（圖**5**、**6**、**7**），用棕繩順著粽子的外緣繞數圈（圖**8**），打結固定（圖**9**）。

5 取一個大湯鍋，加入可蓋過粽子的水煮滾，放入所有粽子，以大火煮**2**小時即可取出。

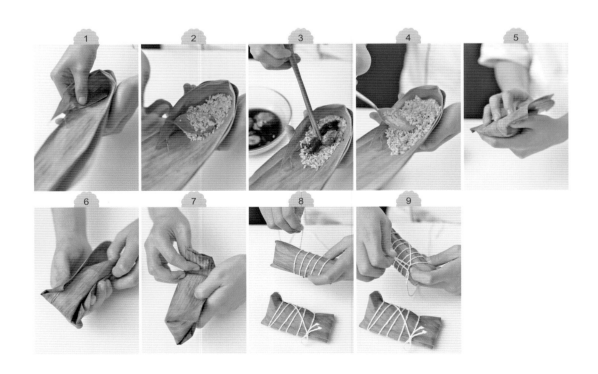

份量：**20**個
最佳賞味期：室溫**1**天，冷凍**14**天

臺灣南部粽

湯鍋水量要蓋過粽子，中途水量若蒸發，必須立即補充滾水，不能加冷水。

長糯米可以圓糯米替代。長糯米泡水後，需瀝乾水分，醃米及肉的時間一定要足夠，味道才會香。

份量：10個
最佳賞味期：室溫1天，冷凍14天

材料

A
長糯米600g
水420cc

B
梅花肉500g
碎蘿蔔乾100g
紅蔥頭20g
沙拉油70cc
香菇10朵
花生100g

C
醬油60cc

D
醬油80cc
細砂糖18g
白胡椒粉3g
五香粉10g
蒜頭碎20g

E
花生粉適量
粽子沾醬適量（見p49）
棕葉20張
棉繩1串

作法

1　長糯米、花生洗淨，浸泡水一夜，瀝乾水分，加入材料C拌勻，放入冰箱冷藏，醃漬6小時；紅蔥頭切圓片，用油爆香，待涼後與糯米拌均勻。

2　梅花肉切片，加入材料D拌勻，放入冰箱冷藏，醃漬1天；香菇泡水瀝乾，備用。

3　取2張棕葉重疊，捲成漏斗狀，鋪上1大匙糯米，放入梅花肉片、碎蘿蔔乾、香菇，再鋪上1大匙糯米蓋住餡料。

4　將棕葉折回，包成拳頭大粽子，用棕繩綁繞兩圈，打結固定。

5　取一個大湯鍋，加入可蓋過粽子的水煮滾，放入所有粽子，以大火煮2小時即可取出。

6　食用時，可淋上適量粽子沾醬，撒上花生粉即可。

廣式裹蒸粽

粽葉必須光滑面包在內側，以免食用時割到嘴巴。
生米在包裹時不可太緊實，因為烹煮過程中米會膨脹而爆開。

份量：**1**個
最佳賞味期：室溫**1**天，冷凍**14**天

材料

A
長糯米**200g**
B
滷肉塊**100g**
滷雞肉**140g**
鹹蛋黃**1**顆
干貝**2**粒
栗子**2**粒
綠豆仁**200g**
C
荷葉（大）**1**張
粽葉**5**張
棉繩**2**條

作法

1. 長糯米浸泡水一夜，瀝乾水分；荷葉、粽葉洗淨，全部去梗，備用。

2. 荷葉平鋪在桌上，光滑面向上，取粽葉放在荷葉的中央位置，直的**3**張，橫的**2**張，光滑面向上。

3. 取**1/2**份量長糯米在粽葉中間，整平，依序放上材料**B**，再鋪上剩餘長糯米，完全蓋住餡料。

4. 提起荷葉左右向中間包覆，再提起荷葉上下邊包裹完整，以**2**條棉繩將粽子十字綁好。

5. 取一個大湯鍋，加入可蓋過粽子的水煮滾，放入粽子，以中火煮約**40**分鐘即可取出。

花生鹼粽

在糯米中及滾水中加點沙拉油，可避免粽葉沾黏。
包鹼粽時，不可放入太多餡料，棉繩不可綁太緊，否則烹煮時容易脹破。
加鹼油目的是糊化糯米，並增添獨特鹼味，勿添加有硼砂成分的鹼油。

份量：**20**個
最佳賞味期：室溫**1**天，冷藏**7**天

 材料

A
圓糯米**500g**
生花生**200g**
B
鹼油**20g**
沙拉油**2**大匙

C
粽葉**40**張
棉繩**1**串
D
蜂蜜適量

作法

1. 材料**A**洗淨，泡水**4**小時，瀝乾水分，加入鹼油、沙拉油拌勻即為餡料備用。

2. 粽葉去梗後洗淨，放入滾水中燙軟，拭乾水分。

3. 取**2**張粽葉重疊，捲成漏斗狀，放入**1**大匙餡料，將粽葉折回，包成約**2/3**拳頭大粽子，不能包太緊，用棕繩綁繞兩圈，打結固定。

4. 煮滾一大鍋水，滴入少許沙拉油，放入所有鹼粽，以小火煮**3～4**小時，撈起後放涼，再放入冰箱冷藏至冰涼即可取出。

5. 食用時，依個人喜好淋上適量蜂蜜，或撒上適量細砂糖即可。

客家粿粽

粿粽蒸熟後會膨脹，在包裹時不能包太緊，以免撐破。
蒸粿粽時，不可用大火，粿粽因熱脹的關係也會撐太大。

份量：**15**個
最佳賞味期：室溫**1**天，冷藏**7**天

材料

A
糯米粉**600g**
細砂糖**140g**
沙拉油**40g**
滾水**360cc**

B
碎蘿蔔乾**200g**
蝦米**50g**
香菇**5**朵
豬絞肉**200g**
紅蔥頭**20g**
薑**20g**

C
醬油**3g**
鹽**2g**
細砂糖**10g**
香油**2g**
白胡椒粉**1g**

D
粽葉**30**張
棉繩**1**串

作法

1　糯米粉、細砂糖、沙拉油放入鋼盆，混合拌勻，沖入滾水揉成米糰，放置醒**20**分鐘，分成**15**等份，備用。

2　材料**B**稍微沖洗，泡水**2**分鐘後瀝乾水分；紅蔥頭切圓片；薑切末；香菇泡水後瀝乾水分，切碎，備用。

3　炒鍋內加入**1**大匙沙拉油，爆香紅蔥頭片，加入薑末、香菇碎略炒，再加入碎蘿蔔乾、蝦米炒香，最後加入絞肉炒乾，再加入材料**C**拌炒均勻即為餡料，分成**15**等份，備用。

4　取**1**份米糰，用手壓成一個凹口，放入**1**份餡料，搓圓備用。

5　粽葉去梗後洗淨，取**2**張粽葉重疊，內側粽葉刷上一層薄薄油，捲成漏斗狀，放入**1**份餡料。

6　將粽葉折回，包成約**2/3**拳頭大粽子，用棕繩綁繞兩圈，打結固定，所有粽子放入蒸籠，以中大火蒸**20**分鐘即可。

Festival

國曆5月第二個星期日

母親節

母親節

在最早關於母親節的記載是西元1872年由茱麗雅（Julia Ward Howe）所提出，她建議將這一天獻給「和平」。後來1907年，費城的安娜（Ana Jarvis）為了紀念自己的母親，即發起訂定母親節的活動，便將安娜母親的忌日（5月的第二個禮拜日）定為母親節。後來也成為安慰歐戰中失去兒子或先生的女性之節日。在當天，人們需配戴康乃馨向母親致敬，母親尚健在者，可佩帶紅色康乃馨；若母親已過世，則佩帶白色，以表達內心對母親的感念。

蔓越莓豆腐乳酪蛋糕

現代人要慶祝母親節，就要讓母親吃得健康、無負擔。因此推薦改良版的乳酪蛋糕，以健康高蛋白的豆腐和原味優格取代鮮奶油和牛奶，但完全吃不出豆腐渣味，熱量大大降低，口感和香味卻不變。蔓越莓是一種紅色莓果，主要分布在北美，又稱小紅莓，酸味較強，風味獨特，營養價值極高；蔓越莓含大量抗氧化成分，是公認效果最佳的水果之一。對於抗老化、抗癌有相當大的助益；更是愛美的女性最佳美容聖品。乳酪是由乳酸菌加入牛奶中發酵而成，加上乳酸含蛋白質、維生素和鈣等，因此不僅能增加腸內的益菌，將有害物質排出體外，更能促進營養更容易被消化和吸收。豆腐不含膽固醇，是患有高血壓、高血脂、高膽固醇症及動脈硬化者的佳餚；富含蛋白質、動物性食物所缺乏的不飽和脂肪酸及卵磷脂等，也是兒童、體虛者及老年人最佳攝取食材。

蔓越莓豆腐乳酪蛋糕，肯定會顛覆一般人對乳酪和豆腐的想像，不習慣乳酪濃厚口感的老人家一定會愛上這個蛋糕的清爽；害怕豆腐豆渣味的小朋友，也可吃到健康又美味的甜點。

地瓜千層可麗餅

可麗餅起源於法國的布列塔尼地區，一般可麗餅都是甜口味，利用小麥粉製作，但也有使用蕎麥粉製作，口味比較清淡。地瓜屬於鹼性食品，含高纖維素、維生素 C、K，除了可促進消化外，還能中和人體內所累積過多的酸，如果吃太多肉類、蛋時，吃地瓜可以抑制膽固醇，預防心血管疾病、大腸癌的發生。地瓜味道甘甜，但不建議一次吃太多，很容易產生脹氣及排氣的副作用，所以消化道不好的人不宜過食。這道地瓜千層可麗餅非常適合媽媽食用，且冰過後更好吃。

抹茶紅豆戚風蛋糕

戚風蛋糕是美國人在二十世紀初所發明的。傳聞在西元 1927 年，一位洛杉機保險經紀人哈利貝克發明了最早的戚風蛋糕。和傳統的奶油蛋糕比較，它是透過液體植物油創造出質地輕盈，創造出如女性洋裝上絲綢緞帶般的膨鬆口感，即命名為「戚風」。

抹茶紅豆戚風蛋糕很適合女性食用，會先吃到淡淡的抹茶香味，咀嚼之散發出紅豆的清香；抹茶的兒茶素有降低血糖和高血壓，控制膽固醇，降低癌症發病率，增強免疫力，避免肥胖以及養顏美容等效果，因此被歸類於健康聖品。紅豆是營養價值極高的主食類食物，主要的功效包括：補血、利尿、消水腫、活化心臟功能等；容易低血壓、疲倦的人，常吃紅豆可以獲得改善。紅豆的維生素 B1 含量豐富，除了能防止疲勞物質沉澱在肌肉裡，預防腳氣病外，也能使醣分更容易分解燃燒；但是在人體消化過程中，紅豆的豆類纖維卻容易在腸道發生產氣現象，因此腸胃較弱的人，在食用紅豆後，常會有脹氣等不適感覺，可以在煮紅豆時加少許鹽，有助於排除脹氣狀況。

紅豆非常適合女性食用，因為它的鐵質含量高，具有補血功能，可以改善懷孕婦女產後缺乳情形；或是一般女性經期時不適症狀的紓解，時常喝一碗熱呼呼的紅豆湯，都能發揮調經通乳的功效。但要特別注意的是，最好不要與湯圓、粉圓等甜食混合吃，因為這樣的熱量會過高，但可以加一點紅糖，具有暖身的效果。

蔓越莓豆腐乳酪蛋糕

板豆腐最好買市售的盒裝豆腐,以免有衛生的疑慮。
豆腐務必擠乾水分,否則容易出水而影響凝固與口感。
泡吉利丁片時一定要用冰水,否則膠質會完全溶解在水裡,將無法取出使用。
豆製品很容易腐壞,成品應盡早食用完畢。

份量:8吋1個
最佳賞味期:冷藏2天

材料

A
奇福餅乾100g
無鹽奶油55g
細砂糖15g

B
板豆腐300g
奶油乳酪250g
細砂糖80g
原味優格260g

C
吉利丁片10g
蔓越莓乾80g

D
打發鮮奶油少許
藍莓8粒
蔓越莓乾適量
薄荷葉少許

作法

1 無鹽奶油隔水融化;材料A的奇福餅乾壓碎,與融化奶油液、細砂糖混合拌勻,再壓入蛋糕模底部。

2 吉利丁片泡冰水變軟後,取出擠乾水分;板豆腐瀝乾水分,備用。

3 材料B其他材料隔水加熱至糖溶解,加入板豆腐拌勻。

4 將作法2、作法3材料與材料C的蔓越莓乾一起拌勻,倒入蛋糕模的餅乾底上。

5 再放入冰箱冷藏2小時以上至凝固,取出後脫模,食用前擠上打發鮮奶油,放上藍莓、蔓越莓乾,放上薄荷葉裝飾即可。

抹茶紅豆
戚風蛋糕

將麵糊倒入模型中,必須在桌上敲幾下,讓空氣跑出來,烤出來的成品較不
易塌陷。

蜜紅豆沾裹麵粉,是為了讓紅豆均勻分布在麵糊中,不會全部沉澱在底部。

份量:6吋1個
最佳賞味期:室溫2天,冷藏4天

材料

A
牛奶40cc
抹茶粉5g
蛋黃5顆
細砂糖20g
沙拉油30cc
低筋麵粉110g
B
蛋白5顆
細砂糖70g
檸檬汁1小匙
C
蜜紅豆120g
中筋麵粉2小匙

作法

1 牛奶加熱後與抹茶粉混合拌勻。

2 材料**A**的蛋黃、細砂糖打散,倒入沙拉油、過篩的低筋麵粉及作法**1**,攪拌呈麵糊狀。

3 將材料**B**拌打至呈挺立的蛋白霜,取1/3份量至作法**2**中輕輕翻拌,再將剩下的蛋白霜倒入輕輕拌勻。

4 紅豆裹上一層薄薄中筋麵粉後放入作法**3**中,輕輕拌勻,再倒入中空蛋糕模。

5 放入已預熱的烤箱,以**160**℃烤**50**分鐘至上色,取出後倒立,待冷即可脫模。

地瓜千層可麗餅

地瓜處理方式有烤、蒸與水煮，帶皮的烤地瓜最香甜，建議選購烤的為佳。
抹上奶油地瓜餡時，不要太厚，否則成品看起來不夠細緻。

份量：8吋1個
最佳賞味期：冷藏4天

材料

A
植物性鮮奶油160cc
細砂糖20g
地瓜泥160g
蘭姆酒2小匙

B
中筋麵粉150g
牛奶250cc
溫水175cc
融化奶油液60g
細砂糖20g
全蛋5顆
蘭姆酒2小匙
鹽少許

C
無鹽奶油適量

D
烤熟地瓜泥150g
細砂糖15g
植物性鮮奶油40cc

作法

1 材料**A**植物性鮮奶油、細砂糖一起打發後，加入地瓜泥、蘭姆酒拌勻即為奶油地瓜餡，放入冰箱冷藏備用。

2 將材料**D**混合拌勻即為地瓜夾餡。

3 材料**B**中筋麵粉過篩，放入其他材料**B**，以打蛋器輕輕攪拌至沒有顆粒的麵糊，放入冰箱冷藏2小時備用。

4 取8吋的平底鍋熱鍋，以毛刷刷上一層薄薄的材料**C**奶油，轉小火，倒入約2大匙的麵糊，將麵糊煎至褐色，取出，繼續完成每片餅皮，約可煎出30張，放涼備用。

5 取1片餅皮，抹上一層奶油地瓜餡，一層餅皮、一層奶油地瓜餡，依序堆疊至第15張餅皮，擠上一層地瓜夾餡，再依序堆疊抹上奶油地瓜餡的餅皮即完成。

農曆7月7日

七夕情人節

牛郎織女乞巧節

七夕，又名「乞巧節」、「七巧節」或「七姐誕」，發源於中國，為華人地區以及東亞各國的傳統節日，在農曆7月7日慶祝，來自於牛郎與織女的傳說。最早淵源可能在春秋戰國時期，當時的七夕為祭祀牽牛星、織女星。漢朝以後，開始與牛郎織女的故事聯繫起來，並且正式成為屬於婦女的節日。相傳七夕拜織女，會有一雙巧手，像織女一樣，會做許多巧事。所以在古代有女兒的人家都會在七夕夜，向織女乞求，賜給一雙靈巧的手。

巧果

七夕乞巧的應節食品，以巧果最為出名。巧果又名「乞巧果子」，款式極多。主要的材料是油、麵粉、糖。巧果的作法是先將糖放在鍋中融為糖漿，趁熱和麵粉、芝麻拌勻，攤在桌上後捍薄，放涼後用刀切成長方塊，最後折為梭形巧果胚，再放入油鍋中炸至兩面金黃即可取出。

七夕情人節

在晴朗的夏秋之夜，天上繁星閃耀，一道白茫茫的銀河橫貫南北，爭河的東西兩岸，各有一顆閃亮的星星，隔河相望，遙遙相對，那就是牽牛星和織女星。七夕坐看牽牛織女星，是民間的習俗。

相傳，在每年的這個夜晚，是天上織女與牛郎在鵲橋相會之刻。人們相傳在七夕的夜晚，抬頭可以看到牛郎織女的銀河相會，或在瓜果架下可偷聽到兩人在天上相會時的脈脈情話。過去婚姻對於女性來說是決定一生幸福與否的終身大事，所以，世間無數的有情男女都會在這個晚上，夜深人靜時刻，對著星空祈禱自己的姻緣美滿。

巧果

巧果桿得越薄，則油炸後越脆。
油炸過程必須不停攪動，顏色才會均勻漂亮。
可改成烘烤的方式更健康，以上火 **170**℃、下火 **170**℃烘烤 **12** 分鐘至金黃即可。

份量：約**400g**
最佳賞味期：現做現吃

 材料

A
中筋麵粉**210g**
蓬萊米粉**90g**
B
細砂糖**90g**
全蛋**1**顆
豆腐**105g**
黑芝麻**24g**

作法

1 材料**A**過篩於鋼盆；材料**B**於鋼盆中拌打均勻，備用。

2 將材料**A**、材料**B**料混合均勻，揉成光滑麵糰，放置鬆弛**30**～**40**分鐘。

3 用桿麵棍桿成厚度**0.2**公分的長方形麵皮，用刀切成長**3**×寬**1**公分小麵皮。

4 小麵皮放入**190**～**200**℃油鍋，油炸至金黃色，撈起瀝乾油分，待涼即可食用。

傳統油飯

糯米與配料必須拌勻，且需趁熱拌，因為糯米冷卻後較黏，拌料時不易拌開。

份量：**6人份**
最佳賞味期：現做現吃

 材料

A
長糯米**600g**
水**420cc**
B
豬油**70g**
豬肉絲**90g**
C
紅蔥頭**20g**
蝦米**10g**
香菇**10g**
D
醬油**56g**
鹽**1g**
細砂糖**15g**
白胡椒粉**10g**

作法

1　材料**C**的紅蔥頭、蝦米分別切碎；香菇切絲，備用。

2　長糯米洗淨後加入材料**A**的水，放入蒸籠，以大火蒸**20**分鐘，關火後燜**5**分鐘。

3　豬油熱鍋後，加入材料**C**爆香，放入豬肉絲炒香，加入材料**D**炒勻調味，加入長糯米混合拌炒均勻至水分收乾即可盛起。

麻油雞

薑以帶皮老薑為宜，口味較佳，老薑一定要炒至香味散出，才可加入雞肉，這樣湯
汁風味才會美味。
若不嗜酒味，可以米酒：水＝ **1**：**1** 比例添加。

分量：**4**人份
最佳賞味期：現做現吃

材料

A
帶骨雞肉塊**900g**
老薑片**50g**
枸杞**10g**
黑麻油**20cc**
B
米酒**1600cc**
鹽少許

作法

1　炒鍋中先倒入黑麻油熱鍋，加入老薑片爆香，再
　　放入雞肉拌炒至變褐色。

2　取一個湯鍋，加入雞肉塊、材料**B**，以小火燉煮
　　30分鐘。

3　起鍋前加入枸杞稍微煮一下即可熄火。

父親節

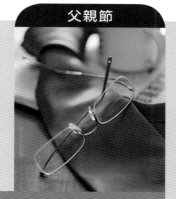

國曆8月8日
父親節

相較於母親節，各國對父親節的定義與慶祝活動皆不相同，全球大部分國家和地區是6月的第三個星期日慶祝父親節，而臺灣則是以八八「爸爸」為諧音，將8月8日定為父親節。

南瓜乳酪派

臺灣中年男性常受高血壓、糖尿病等慢性病所苦，因此在父親節，建議製作具有降血糖功效的南瓜乳酪派送給爸爸吃。南瓜乳酪派底層是用奶油、麵粉、糖粉及蛋做成的派皮，內層是黃色的南瓜乳酪，綿密細緻，有濃郁的南瓜香味，而且甜度適中，吃起來鬆軟但不軟塌，又有濃郁的乳酪香。底層派皮則有奶香豐富的奶油，因此整個南瓜乳酪派吃起來的口感非常有層次感。若不想做一整個大的派，也可用蛋塔模做成數個小型塔，更方便食用。

南瓜原產於中南美洲的墨西哥、瓜地馬拉，來到臺灣則俗稱為金瓜，果肉為黃色，富含維生素A及胡蘿蔔素，口感鬆軟香甜，蒸過後可連皮食用。西方人常用來製作南瓜派等甜點，在日本則被視為對健康極佳的天然食品。南瓜含有豐富的鉻、鎳、膳食纖維、植物性酵素，有助於降低血糖，對於糖尿病患很有幫助。大量植物纖維則可延緩小腸吸收糖分，患者便不會在飽食後血糖急劇上升，加重胰島負擔，反而可以逐步恢復正常功能。日本還將南瓜稱為「蔬菜之王」，含有大量鋅的南瓜子則有助於男性保養攝護腺，所以，在父親節給爸爸吃營養價值這麼高的甜點，不但感謝爸爸為整個家庭的辛苦付出外，同時讓爸爸的身體更健康，補充能量。

芋泥蛋糕

　　蛋糕夾層加入一些芋泥，還可以吃得到顆粒的口感，正常芋頭的顏色，是淡淡的天然暗紫色，吃起來有芋頭清香，如果香味特別重或是顏色特別鮮豔，就要特別注意是不是有加香精或是色素。芋頭含豐富的澱粉、蛋白質、糖、維生素A等，芋頭所含的礦物質中，氟的含量很高，氟有潔齒、保護牙齒的作用。芋頭含有一種黏黏的物質，這種成分進入人體，能促進肝臟解毒功能，並且鬆弛緊張的肌肉及血管；同時，芋頭質地細軟，利於胃腸的消化吸收，所含的纖維素，可以預防便秘。芋頭還可以增加飽足感，減少對熱量的攝取；也可以延緩血糖上升，幫助糖尿病患者控制血糖。

　　芋頭不僅可當作正餐，也能成為點心，是一種運用廣泛且高纖又健康的食物。但需留意勿食用過多，因為是澱粉類，吃太多還是會變胖的；而且有痰、過敏體質的人，芋頭不宜多吃，因為，芋頭的黏液會刺激咽喉黏膜，會使咳嗽加劇、生痰更多，造成更不舒服的狀況。

蒙布朗蛋糕

　　很久以前，住在阿爾卑斯山脈附近法國東南部和義大利山區的居民們，會自製香甜栗子泥，與打發鮮奶油混合擠成山峰狀做成甜點，再以歐洲阿爾卑斯山的俊秀山峰「白朗峰」命名。蒙布朗的外型就是照著白朗峰的樣子去做的，因為白朗峰山頂常年積雪，秋冬時因樹木枯萎常呈現褐色，因此正統法式蒙布朗外面的栗子奶油是褐色，因為栗子的產季是秋天，而白朗峰也正好在秋天變成褐色，故呼應此名。

　　正統的蒙布朗裡面是沒有包栗子的，底部墊的不是海綿蛋糕或派皮，而是用打發的蛋白加糖烘烤而成的基座。另一種區分方法是，可以看蛋糕上面的栗子奶油是什麼顏色？褐色為正統法式蒙布朗；黃色則為日式口味。基底蛋糕為海綿蛋糕，可以針對自己的需求來做圖案的設計，蛋糕體上的栗子奶油條紋要像溶漿般蔓延，所以它又稱為「奶油栗子蛋糕」。不管是那一種風味，只要親手做給爸爸吃，都充滿著對父親滿滿的感謝喔！

南瓜乳酪派

拌壓派皮時不可過度搓揉，將容易出筋；在派皮上戳洞的用意是讓派皮散熱容易，不會膨脹。
南瓜泥最好是將南瓜烤過，取出果肉壓成泥，烤過較甜且水分較少。
奶油乳酪先拿到室溫退冰軟化後，比較好操作。

份量：8吋派盤1個
最佳賞味期：冷藏4天

材料

A
低筋麵粉260g
糖粉90g
無鹽奶油125g
全蛋1顆
B
奶油乳酪200g
全蛋1顆
南瓜泥320g
細砂糖70g
荳蔻粉1/4小匙
C
核桃碎60g
中筋麵粉1小匙
二砂糖30g

作法

1 材料**A**的低筋麵粉、糖粉過篩，加入切丁的無鹽奶油、全蛋拌壓成糰，覆蓋一層保鮮膜，放入冰箱冷藏1小時鬆弛。

2 取出麵糰，桿成比8吋派盤大一些的薄圓片，鋪入派盤，將多餘的麵皮切除，周圍捏合緊貼於派盤，用叉子均勻叉出數個洞，再放入冰箱冷藏鬆弛1小時。

3 取出派盤，鋪上1張烤盤紙，放上重石或豆子，以160℃烤10分鐘，拿掉重石、烤盤紙，再續烤5分鐘後取出即為派皮。

4 將材料**B**隔水加熱，邊加熱邊攪拌呈泥狀，再倒入派皮中。

5 材料**C**混合，均勻鋪於作法4，放入已預熱的烤箱，以180℃烤25分鐘至上色即可取出。

芋泥蛋糕

要將麵糊倒入 **8** 吋蛋糕模前，必須先抹點油再撒上一些麵粉，以利脫模。
作法 **3** 攪拌時要輕輕攪拌，否則會消泡，烘烤完成的蛋糕容易塌陷而失敗。
要確認蛋糕體烤好了沒，可拿一支竹籤插入蛋糕中央，若沒有沾黏麵糊，就代表烤熟了。
芋頭可挑選檳榔芋品種，口感較好。芋頭蒸好後壓成泥，可以留下一些芋頭小塊，可增加蛋糕口感。

材料

A
蛋白3顆
蛋黃3顆
細砂糖90g
低筋麵粉90g
玉米粉10g
泡打粉3g
牛奶1大匙
無鹽奶油30g

B
芋泥360g
細砂糖70g
無鹽奶油32g
植物性鮮奶油150cc

C
芋泥120g
細砂糖70g

D
打發鮮奶油240g
細砂糖30g

作法

1 將材料**A**粉類過篩；奶油隔水融化；烤模底層和四周抹上一層油後撒粉，備用。

2 蛋黃和一半細砂糖打發（圖**1**）；蛋白與剩下的細砂糖攪打至硬性發泡，打發蛋白用打蛋器拉起呈硬挺狀即可（圖**2**）。

3 先取**1/3**份量的打發蛋白糊倒入蛋黃糊中攪拌均勻（圖**3**），接著再將剩餘蛋白糊倒入蛋黃糊中繼續攪拌（圖**4**、**5**），過程動作要輕。

4 依序加入牛奶、過篩粉類及融化奶油攪拌均勻（圖**6**）。

5 將麵糊倒入蛋糕模（圖**7**），輕敲數下讓空氣跑出來，放入已預熱的烤箱，以**170**℃烘烤**30**分鐘至熟取出，放涼。

6 材料**B**的芋泥趁熱與細砂糖、奶油拌勻至融化，再加入鮮奶油拌勻即為芋泥餡（圖**8**），放入冰箱冷藏備用。

7 材料**C**芋泥趁熱與細砂糖拌勻至融化；材料**D**鮮奶油與細砂糖攪打至全發，再和芋泥攪拌均勻即為芋泥霜（圖**9**、**10**），放入冰箱冷藏備用。

8 將烤好的**8**吋蛋糕切成三片，每片蛋糕表面依序均勻塗上作法**6**芋泥餡（圖**11**）。

9 將三片蛋糕堆疊組合好後，外層均勻塗上作法**7**芋泥霜（圖**12**），再以三角鋸齒刮板刮出波浪狀即可（圖**13**）。

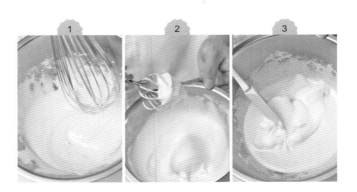

份量：**8吋1個**
最佳賞味期：冷藏**3天**

蒙布朗蛋糕

栗子可以買市售剝殼熟栗子。
市面上有現成罐裝栗子醬可購買，如果不怕麻煩親手做也很棒。

份量：6吋1個
最佳賞味期：冷藏4天

材料

A
蛋白4顆
檸檬汁1小匙
細砂糖50g

B
蛋黃4顆
細砂糖16g
沙拉油1又1/2大匙
低筋麵粉70g
牛奶1大匙
香草精1/4小匙

C
牛奶330g
細砂糖70g
蛋黃90g
低筋麵粉30g
剝殼熟栗子20個

D
栗子泥330g
植物性鮮奶油80cc
蘭姆酒1小匙

E
防潮糖粉適量
剝殼熟栗子8個

作法

1 材料A放入鋼盆中，打至濕性發泡，即用打蛋器拉起會自然垂下的程度。

2 材料B的蛋黃、細砂糖打散，倒入沙拉油、過篩的低筋麵粉拌勻，再加入牛奶、香草精拌勻呈麵糊狀。

3 將作法2分兩次加入作法1中拌勻，再倒入鋪了烤盤紙的烤盤中，放入已預熱的烤箱，以180℃烤10～12分鐘至熟即為蛋糕體。

4 取出蛋糕體放涼後，以6吋圓型模子壓成4片蛋糕片備用。

5 熟栗子外的材料C加熱至濃稠後冷卻，加入切碎的剝殼熟栗子，混合拌勻即為栗子卡士達餡，放入冰箱冷藏備用。

6 材料D混合拌勻即為栗子醬，放入冰箱冷藏備用。

7 取1片蛋糕片抹上一層栗子卡士達餡，鋪上一層蛋糕片，再擠上一層卡士達餡，依此類推至蛋糕片堆疊完成。

8 在蛋糕上擠上作法6的栗子醬，放上材料E的剝殼熟栗子，篩上糖粉即可。

農曆8月15日

中秋節

秋暮夕月

古代人們就有「秋暮夕月」的習俗。夕月,即祭拜月神。到了周代,每逢中秋夜都要舉行迎寒和祭月。設大香案,擺上月餅、西瓜、蘋果、紅棗、李子、葡萄等祭品,其中月餅和西瓜絕對不能少,西瓜還要切成蓮花狀。在月光下,將月亮神像放在月亮的方向,紅燭高燃,全家人依次拜祭月亮,然後由當家主婦切開團圓月餅。切的人預先算好全家共有多少人,在家的、在外地的,都要算在一起,不能切多也不能切少,大小都要一樣。

月餅＆烤肉

記得有這樣一個傳說,某年中秋之夜,唐太宗與楊貴妃賞月吃「胡餅」,嫌胡餅名字不好吃,正巧仰望皎潔明月,隨口說出「月餅」,從此流傳於民間。

今天,月下游玩的習俗,已沒有舊時盛行,但設宴賞月依然盛行,大家把酒問月,慶賀美好的生活,或祝福遠方的親人健康快樂,和家人千里共嬋娟。臺灣城鄉群眾過中秋都有吃月餅的習俗,俗話中有這麼一句:「八月十五月正圓,中秋月餅香又甜」。月餅最初是用來祭奉月神的祭品,後來人們逐漸把中秋賞月與品嚐各式美味月餅結合在一起,寓意家人團圓的象徵。

在這個節日裡也會三五好友相約或自宅門前烤肉、吃柚子,讓小孩子戴上柚子皮為帽。記得兒時看到某牌的醬油商廣告提到:「一家烤肉,萬家香。」從此至今中秋節,我家依然維持這個傳統習俗。

每年農曆8月15日,是傳統中秋佳節,這時為一年秋季的中期,所以又稱為中秋。在中國的農曆裡,一年分為四季,每季又分為孟、仲、季三個部分,因而中秋也稱仲秋之名。8月15日的月亮比其他幾個月的滿月更圓且更明亮,所以又稱「月夕」、「八月節」。

此夜,人們仰望天空如玉如盤的朗朗明月,自然會期盼家人團聚。遠在他鄉的遊子,也借此寄託自己對故鄉和親人的思念之情。所以,中秋又稱「團圓節」。

中秋節

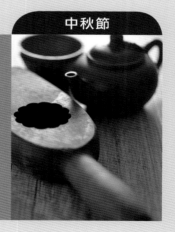

健康內餡 DIY

含油烏豆沙

份量：700g
最佳賞味期：冷藏21天，冷凍3個月

材料

A
紅豆600g、水1200cc、麥芽糖150g
B
細砂糖250g、無鹽奶油200g、沙拉油300g

作法

1　紅豆泡入材料A的水一夜。
2　將紅豆放入蒸籠，以大火蒸20分鐘，關火後燜20分鐘，取出後瀝乾水分，再放入果汁機攪打成泥狀。
3　炒鍋以小火加熱，放入材料B炒至糖和奶油完全融化，再加入紅豆泥，用鏟子壓開，再加入麥芽糖拌炒至不沾鍋即完成。

綠豆沙

份量：600g
最佳賞味期：冷藏21天，冷凍3個月

材料

A
綠豆仁600g、水600cc
B
細砂糖3000g、無鹽奶油80g、沙拉油80g

作法

1　綠豆仁泡入材料A的水一夜。
2　將綠豆仁放入蒸籠，以大火蒸20分鐘，關火後燜20分鐘，取出後瀝乾水分，再放入果汁機打成泥。
3　炒鍋以小火加熱，放入材料B炒至糖和奶油完全融化，再加入綠豆泥，用鏟子壓開，拌炒至不沾鍋即完成。

紅豆沙

無鹽奶油可以沙拉油替代。
必須使用新鮮豆類為佳，若放置過久，則口感上會非常乾硬。

份量：600g
最佳賞味期：冷藏21天，冷凍3個月

 材料

A
紅豆600g、水1200cc、麥芽糖150g
B
細砂糖250g、無鹽奶油100g、沙拉油150g

作法

1 紅豆泡入材料A的水一夜。
2 將紅豆放入蒸籠，以大火蒸20分鐘，關火後燜20分鐘，取出後瀝乾水分，再放入果汁機攪打成泥狀。
3 炒鍋以小火加熱，放入材料B炒至糖和奶油完全融化，再加入紅豆泥，用鏟子壓開，再加入麥芽糖拌炒至不沾鍋即完成。

鳳梨膏

用酸一點的鳳梨，口感較佳；較熟的鳳梨，香氣較重。
烹煮時必須不停攪拌，以免燒焦。

份量：600g
最佳賞味期：冷藏21天，冷凍3個月

材料

A
鳳梨果肉1200g
B
細砂糖200g、麥芽糖300g

作法

1 材料A放入果汁機，攪打成果泥。
2 將果泥、材料B放入湯鍋，以中小火邊煮邊攪拌至滾，轉小火續煮約2小時呈濃稠狀即可。

蛋黃酥

刷蜂蜜水，可增加表面鮮亮度。
油皮的水量會因為麵粉含水量多寡，或是氣候而有不同，可視情況稍作增減。
製作油皮過程務必隨時蓋布或保鮮膜，以免造成表面乾裂而影響品質。

材料

A
中筋麵粉166g
奶粉40g
細砂糖30g
豬油50g
水67cc
B
低筋麵粉133g
無鹽奶油30g
豬油35g
C
紅豆沙400g（見p75）
鹹蛋黃10顆
紹興酒少許
D
蛋黃液適量
黑芝麻適量
E
蜂蜜1大匙
冷開水2大匙

作法

1　將鹹蛋黃對切成半，放入烤盤，噴上少許紹興酒，放入已預熱的烤箱，以120℃烤5分鐘至熟，取出待涼備用。

2　材料A的中筋麵粉、奶粉過篩於鋼盆，加入細砂糖、豬油混合拌勻，分2次加水，攪拌均勻成光滑麵糰（圖1），蓋上一層保鮮膜（或放入塑膠袋），鬆弛30分鐘，分割成每個15g的油皮（圖2）。

3　材料B攪拌均勻成糰，分割成每個9g的油酥（圖3）。

4　將紅豆沙分割成每個20g，分別包入1份鹹蛋黃（圖4），收口捏好備用。

5　取1個油皮，包入1個油酥，收口捏緊後朝上，由中間往兩端桿成薄片，再由外向內捲起，經過兩次桿捲（圖5、6），蓋上保鮮膜，放置鬆弛20分鐘。

6　每個油酥皮桿成圓片，包入1個紅豆沙蛋黃餡（圖7），依序完成包裹動作，收口朝下排入烤盤，表面均勻刷上蛋黃液（圖8），撒上黑芝麻點綴（圖9）。

7　放入已預熱好的烤箱，以上火190℃、下火180℃烤15分鐘，烤盤調頭，續烤10分鐘即可。

8　取出烤盤，趁熱刷上一層調勻的材料E蜂蜜水即可。

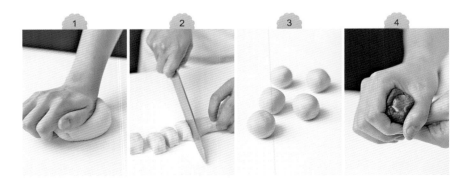

份量：**20個**
最佳賞味期：室溫**5天**，冷藏**10天**

冰皮月餅

模具要記得塗薄薄的油,可防沾黏。
水晶粉又稱葛粉或御露粉。水晶皮粉已經有甜味,所以內餡不需要調太甜。

份量:**16**個
最佳賞味期:冷藏**7**天

材料

A
水晶粉**100g**
水**100cc**
B
麥精糖漿**300g**
水**100cc**
C
香蘭餡**320g**

作法

1 材料**A**拌勻;材料**B**混合拌勻後煮滾,關火,放置一旁備用。

2 將材料**A**加入材料**B**中,攪拌均勻,放入電鍋,外鍋倒入**240cc**水蒸熟即為水晶皮。

3 材料**C**分割成每個**20g**內餡;水晶皮分割成每個**35g**後搓圓,備用。

4 取**1**份水晶皮,包入**1**份內餡,搓圓後放入已抹油的月餅模,壓密實後扣出,放入冰箱冷藏至涼即可食用。

綠豆椪

桿捲油皮時，收口面必須朝上；放入烤箱時，收口面則朝下為宜。
若烘烤完時僅底部炙黃，表示烤箱底溫過高，下次需注意調整。

份量：**20**個
最佳賞味期：室溫**5**天，冷藏**10**天

材料

A
中筋麵粉**300g**
糖粉**12g**
豬油**120g**
水**135cc**
B
低筋麵粉**217g**
豬油**98g**
C
綠豆沙**1000g**（見p74）
肉鬆**300g**

作法

1　材料**A**的中筋麵粉、糖粉過篩於鋼盆，加入豬油混合拌勻，分**2**次加水，攪拌均勻成光滑麵糰，蓋上一層保鮮膜（或放入塑膠袋），鬆弛**30**分鐘，分割成每個**25g**的油皮。

2　材料**B**攪拌均勻成糰，分割成每個**15g**的油酥。

3　將綠豆沙分割成每個**50g**，分別包入**15g**肉鬆，收口捏好備用。

4　取**1**個油皮，包入**1**個油酥，收口捏緊後朝上，由中間往兩端桿成薄片，再由外向內捲起，經過兩次桿捲，蓋上保鮮膜，放置鬆弛**20**分鐘。

5　每個油酥皮桿成圓片，包入**1**個綠豆沙肉鬆餡，依序完成包裹動作，收口朝下排入烤盤。

6　放入已預熱好的烤箱，以上火**170**℃、下火**170**℃烤**15**分鐘，烤盤調頭，續烤**20**分鐘即可。

果仁鳳梨酥

若家中烤箱為單火控制，則以 **190**℃烘烤即可。
鳳梨果仁餡搓成橢圓狀，可防止入模後壓平時破酥的狀況。

份量：**30**個
最佳賞味期：室溫**10**天

材料

A
低筋麵粉250g
糖粉100g
奶粉30g
B
無鹽奶油160g
鹽1g
全蛋45g
C
鳳梨膏300g（見p75）
綜合果仁60g

作法

1　材料**A**過篩於鋼盆，混合拌勻成糰，放置鬆弛20〜30分鐘。

2　材料**C**混合均勻，分割成每個12g鳳梨果仁餡，揉呈橢圓狀備用。

3　將麵糰揉至光滑，分割成每個18g外皮；鳳梨酥專用方型中空模間隔排列於烤盤，備用。

4　取1份外皮，包入1份鳳梨果仁餡，搓橢圓後放入方型中空模，壓平。

5　放入已預熱的烤箱，以上火190℃、下火200℃烤10分鐘。

6　取出烤盤，將每個鳳梨模翻面，放入烤箱續烤5分鐘至兩面都呈金黃，取出待涼即可脫模。

廣式月餅

轉化糖漿可至烘焙材料行購買，可以用蜂蜜代替。
蛋黃液為取 **2** 顆蛋黃、**1** 顆蛋白混合拌勻而成。
烤箱預熱的溫度，以正式烘烤溫度再減 **10**℃為宜。

份量：**20**個
最佳賞味期：室溫**7**天，冷藏**14**天

材料

A
低筋麵粉200g
轉化糖漿140g
花生油60g
鹼水6g
B
含油烏豆沙1425g
（見p74）
蛋黃液適量

作法

1 材料**A**中的低筋麵粉過篩於鋼盆，加入其他材料**A**攪拌成糰，放置鬆弛**20～30**分鐘備用。

2 含油烏豆沙餡分割成每個**70g**；麵糰分割成每個**20g**外皮，備用。

3 取**1**份外皮，包入**1**份含油烏豆沙餡，放入月餅模，分別壓平密實後即可扣出。

4 再放入已預熱的烤箱，以上火**200**℃、下火**200**℃烤約**5**分鐘，取出烤盤，刷兩次蛋黃液，再放入烤爐續烤約**15**分鐘至金黃即可。

金月娘

若底火較高時，底下可多墊一層烤盤，讓傳熱速度減慢，上火亦同。
因為每一臺烤箱的爐溫有所差異，操作時要隨時透過玻璃門觀看烘烤狀況。
這是國內一家知名糕餅店的人氣商品，本來比較大，這道配方將之做迷你版配方，小巧更方便食用。

材料

A
中筋麵粉182g
細砂糖36g
豬油70g
水88cc
B
低筋麵粉174g
豬油78g
C
綠豆沙377g（見p74）
鹹蛋黃7顆
紹興酒少許
D
黃豆粉少許

份量：**24個**
最佳賞味期：室溫**5天**，冷藏**10天**

作法

1　鹹蛋黃放入烤盤，噴上紹興酒，放入已預熱的烤箱，以**120**℃烤**2**分鐘至五分熟，取出待涼後壓碎，分成每個**6g**。

2　材料**A**的中筋麵粉過篩於鋼盆，加入細砂糖、豬油混合拌勻，分**2**次加水，攪拌均勻成光滑麵糰，蓋上一層保鮮膜（或放入塑膠袋），鬆弛**30**分鐘，分割成每個**15g**的油皮。

3　材料**B**攪拌均勻成糰，分割成每個**10g**的油酥。

4　將綠豆沙和鹹蛋黃碎混合拌勻，分割成每個24個內餡備用。

5　取**1**個油皮，包入**1**個油酥，收口捏緊後朝上，由中間往兩端桿成薄片，再由外向內捲起，經過兩次桿捲，蓋上保鮮膜，放置鬆弛**20**分鐘。

6　每個油酥皮桿成圓片，包入**1**個內餡，依序完成包裹動作，收口朝下排入烤盤，表面均勻刷上一層水，鋪上黃豆粉。

7　放入已預熱好的烤箱，以上火**190**℃、下火**170**℃烤**15**分鐘，烤盤調頭，續烤**10**分鐘即可。

國曆10月31日

萬聖節

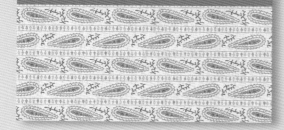

太妃糖蘋果

　　太妃糖蘋果原本是萬聖節之夜，大人因循「不給糖就搗蛋」的習俗送給孩童的禮物，從前，各家各戶會準備太妃糖蘋果送給小孩，但當傳聞有人把大頭針和刀片放入蘋果中，送太妃糖蘋果的習慣逐漸消失。太妃糖成分中含豐富可可粉，及有益心臟血管的黃酮素，可能因為造型可愛，也有很多人說吃了有快樂幸福的感覺。太妃糖蘋果於明治維新期間傳至日本，在日本漫畫中也經常出現，因此也經常被誤認為是日式食物，在日本漫迷中被稱為「蘋果糖」。

　　作法很簡單，將蘋果插上竹籤，然後手持竹籤將蘋果放在太妃糖漿中轉動，均勻裹上糖漿後冷卻即可，有時會另外再黏上果仁、餅乾脆片或巧克力，吃的時候用刀子切開，也有人像吃整顆蘋果一樣直接啃。臺灣蘋果品種很多，建議選用皮薄多汁的品種製作為佳。這款甜點的作法類似拔絲蘋果，又像糖葫蘆，但因為糖漿混合了奶油、砂糖和麥芽糖，所以糖衣味道很濃厚，像是椰子糖。不過甜甜的糖衣混著蘋果微酸的好滋味，會讓人一口接一口停不下來，一口咬下，就能同步享受到蘋果、太妃糖、巧克力等多重甜美滋味。

萬聖節

　　萬聖節原是於愛爾蘭塞爾特人的民俗節日，他們相信10月31日是每年的最後一天，死去的人會重返人間，因此必須裝扮成鬼怪，驅離惡靈。萬聖夜的象徵物是南瓜燈，南瓜派也是萬聖夜的節慶食品；而在西方的十月底是蘋果的豐收期，太妃糖蘋果或焦糖蘋果也成為萬聖節最應景的食品。

萬聖節

國曆
10月
31日

南瓜鹹派

　　南瓜原產於墨西哥、瓜地馬拉附近，臺灣俗稱金瓜。在西方國家常用南瓜來製作南瓜派。在日本，南瓜非常有名，北海道有一個村落盛產南瓜，所以南瓜是當地的主食，竟然發現村子裡沒有糖尿病和高血壓患者，後來在口耳相傳之下，大家都覺得南瓜對身體很好，就風靡於日本成為天然聖品。

　　一開始塞爾特人是使用大頭菜雕刻成鬼臉，後來移民到新大陸後，發現南瓜的大小和硬度更適合做成鬼臉燈籠，因此南瓜搖身一變成為萬聖節的應景食材，製作燈籠過程中挖空的南瓜果肉，烹調後成了晚餐桌上的甜點南瓜派，也可以添加適量蔬菜一起烘烤成南瓜鹹派。南瓜派是美國南方的深秋到初冬的傳統家常點心，在萬聖夜前後，更成為一種應景的食物；另外，烘乾的南瓜籽也是經常被作為萬聖夜的食品。

法式草莓軟糖

　　法式水果軟糖的起源並沒有它的名字那麼甜美，而是跟食物保存的用途有關，歐洲國家不像水果產量豐富的熱帶國家，為了延長水果的保存期限，人們會在當季將新鮮水果與糖慢火熬煮製成果醬，而水果軟糖就是一種變相的果醬，所以早期也被稱之為乾果醬，一入口立即被酸酸甜甜、濃厚的水果香、軟軟富彈性的口感而吸引了。

　　最初的軟糖配方是教會中的僧侶秘密保管，直到近代才開放給一些餐廳及點心師傅使用。通常是用冷凍果泥製作，因為冷凍果泥有加工過，所以保存穩定度比較高。建議使用新鮮水果製作，吃起來有淡淡的草莓香，不會像加工過般甜膩。法式水果軟糖是法式甜點中經典又傳統的點心，很多人剛開始吃時覺得很甜，其實外層的糖並非它甜度的來源，外層的糖只是防止軟糖沾黏所撒的糖，真正的甜度來自於與果泥一起熬煮時所添加的糖量。

　　法式水果軟糖不像大量生產的工業糖果那樣彈牙，因為它是靠果膠與水果本身的膠質去產生凝固性，因此是入口即化的口感，而非一般市面上以動物膠製作的軟糖般帶嚼勁。法式水果軟糖非常適合搭配茶品或咖啡一起品嚐，是一道充滿幸福感的繽紛甜點。建議親手做，因為自己做可以控制糖量，吃起來比較健康安心。軟糖若吃不完，可以用罐子裝起來密封保存。

法式
草莓軟糖

製作軟糖的果泥，盡量使用進口冷凍果泥，如果是利用新鮮的水果操作，將因為每一批的水果酸甜度不同，而做出有誤差的水果軟糖。

軟糖上面使用細砂糖，可以防止軟糖儲存時互相沾黏，因此，最好不要使用其他糖品代替。

添加覆盆子果泥顏色較鮮紅，如果沒有，可以全部使用草莓果泥替代。

檸檬酸、葡萄糖、海藻糖、果膠粉等材料，在烘焙材料行均可買到。

份量：長18×寬18×高1公分正方模
最佳賞味期：室溫14天

材料

A
法式軟糖果膠粉10g
細砂糖66g

B
冷凍草莓果泥200g
冷凍覆盆子果泥50g
海藻糖100g
葡萄糖90g
檸檬酸10g

C
細砂糖50g

作法

1 軟糖果膠粉、細砂糖混合均勻備用。

2 草莓果泥、覆盆子果泥、海藻糖、葡萄糖漿加熱到36℃左右，和作法1拌勻即為果漿。

3 將果糖溫度煮到108℃左右，離火，加入檸檬酸拌勻，再迅速倒入方模內，靜置冷卻待凝固即為軟糖。

4 再將軟糖切成小方塊，表面均勻撒上一層細砂糖即可。

南瓜鹹派

戳洞目的為讓塔皮散熱容易，不會導致膨脹。
南瓜大部分的營養都在皮上，不需要削皮，洗乾淨即可。
製作派皮時一定要使用冰水，且不可過度搓揉，水可依麵糰濕度酌量添加。

材料

A
低筋麵粉200g
無鹽奶油100g
全蛋1個
鹽1小匙
冰水70g

B
南瓜250g
花椰菜6朵
洋蔥1/4個
燻雞40g
無鹽奶油15g

C
蛋3顆
動物性鮮奶油150 g
鹽1/4小匙
黑胡椒粉1/4小匙

D
焗烤乳酪絲80g
帕瑪森起司粉1大匙

作法

1　將低筋麵粉過篩於調理盆，放入切丁的奶油，加入其他材料A拌壓成無粉粒的麵糰（圖1、2），包上保鮮膜，放入冰箱冷藏1小時鬆弛。

2　將麵糰桿成比8吋派盤大一些的薄圓片（圖3），蓋上派盤（圖4），將多餘的麵皮切除（圖5）。

3　再輕輕鋪入派盤（圖6），周圍捏合緊貼於派盤（圖7），用叉子均勻叉出數個洞（圖8），再放入冰箱冷藏鬆弛1小時備用。

4　取出派盤，鋪上1張烤盤紙，放上重石或豆子（圖9），以160℃烤10分鐘，拿掉重石、烤盤紙，再續烤5分鐘後取出即為派皮。

5　南瓜皮洗淨，去籽後切薄片；花椰菜切小朵；洋蔥切小丁。熱鍋，放入材料B的奶油待融化，以中小火炒香其他材料B即為餡料。

6　將材料C混合拌勻，再倒入派皮，均勻鋪上作法5餡料（圖10），再均勻鋪上材料D，以180℃烤20分鐘至乳酪絲融化且上色即可。

份量：**8**吋派盤**1**個
最佳賞味期：趁熱食用

太妃糖蘋果

製作此甜點的蘋果以酸味較重的青蘋果，搭配偏甜的太妃糖醬最適合，可以降低甜膩感。

煮焦糖時禁止攪拌，否則容易產生結晶而無法形成滑順的焦糖。製作時，鍋子可以左右輕輕搖晃幫助二砂糖融化即可。

蘋果表面因為有果蠟，所以必須清洗乾淨，否則太妃糖醬不易附著。

份量：6個
最佳賞味期：室溫2天，冷藏4天

 材料

A
青蘋果6顆
冰棒棍6根
B
動物性鮮奶油360cc
水60g
二砂糖300g
無鹽奶油60g
鹽1/4小匙
C
彩色巧克力米適量
烤過杏仁角適量
早餐玉米脆片適量
彩色棉花糖適量
白巧克力碎適量
綜合堅果碎適量

作法

1　材料**B**一半的鮮奶油加熱至微溫；材料**B**的水和二砂糖放入鍋中，以中火煮滾，過程中不要攪拌，將它煮成焦糖液，備用。

2　將微溫的鮮奶油倒入焦糖液中，以打蛋器迅速攪拌後，再加入剩下一半的鮮奶油，開小火煮約20分鐘至濃稠狀，放入鹽及奶油，煮至奶油融化即為太妃糖醬。

3　將青蘋果洗淨，中心插入冰棒棍，將青蘋果放入作法2鍋中，均勻沾裹一層太妃糖醬。

4　將沾裹太妃糖醬的蘋果，分別沾裹一層材料**C**，成六種口味太妃糖蘋果即可。

立冬

國曆11月7至8日

立冬

古代將立冬分為三候:「一候水始冰;二候地始凍;三候雉入大水為蜃。」意謂此節氣水已經能結成冰;土地也開始凍結;三候雉入大水為蜃中的「雉」即指野雞一類的大鳥,「蜃」為大蛤,立冬后,野雞一類的大鳥便不多見了,而海邊卻可以看到外殼與野雞的線條及顏色相似的大蛤。所以古人認為雉到立冬後即變成大蛤了。

「立冬」是表示冬季開始,萬物收藏,規避寒冷的意思。在民間的習俗裡,這個時節最適合進補。

立冬吃餃子

對立冬的理解,還不能僅僅停留在冬天開始的意思上。在古籍《月令七十二候集解》中對「冬」的解釋是:「冬,終也,萬物收藏也」。意思是說秋季作物全部收曬完畢,收藏入庫,動物也已躲藏起來準備冬眠。完整地說,立冬表示冬季開始,萬物收藏,規避寒冷的意思。

立冬食俗少不了「餃子」,辛勞一年的人們會利用立冬這一天提醒自己要休息一下,順便犒賞一家人一年來的辛苦。立冬亦是秋冬季節之交,故「交」子之時的餃子不能不吃。

薑母鴨＆藥燉排骨

此時節最適合進補,因為在以前的農業社會裡,從春耕、夏耘、秋收、冬藏來說,經過這一年的辛勞,體力會漸漸衰弱,在中國人的社會中最講求食補,所以這個時候進補是最好的時候。有句諺語「補冬補嘴空」,意思是臺灣人補冬的習俗,一定要吃薑母鴨、羊肉爐,或四物八珍、十全藥燉排骨等補品,可以讓人恢復元氣。

人們常常會忽略立冬節日,因為沒有放假。當這天回到家中時,媽媽總是催促快來補一下,好過寒冬。但這時常常也是破壞我的減肥計畫,因為媽媽總說不補不行,今天沒補好,整個冬天都會怕冷。最後也只能乖乖就範,畢竟美食當前且過節理由充分,真的難以婉拒。

藥燉排骨

排骨汆燙去血水，可讓湯汁較清澈。
若沒食用完，保存時建議將排骨與湯分開放，排骨才不會黑掉。

份量：**4**人份
最佳賞味期：現做現吃

材料

A
小排骨**400g**
老薑**3**片
B
當歸**2**錢
紅棗**5**粒
川芎**1**錢
熟地**3**錢

桂枝**1**錢
枸杞**2**錢
淮山**2**錢
C
鹽少許

作法

1. 材料**B**藥材裝入棉布袋綁緊即為滷包；小排骨放入滾水汆燙去血水，撈起後洗淨，備用。

2. 取一個湯鍋，加入**2000cc**水，放入小排骨、老薑和滷包，以小火燉煮約**40**分鐘，再加入鹽調味即可。

薑母鴨

使用老薑味道較足，食用時有暖身效果。
鴨肉太早加入鍋中，肉的組織容易乾硬。

份量：**4**人份
最佳賞味期：現做現吃

材料

A
紅番鴨**1/2**隻
帶皮老薑**200g**
老薑汁**40g**
B
桂枝**5**錢
當歸**3**錢
甘草**2**錢
枸杞**5**錢
黃耆**1.5**兩
紅棗**1**兩
C
黑麻油**60cc**
米酒**1200cc**
鹽少許
D
豆腐乳**3**塊
細砂糖少許
米酒**1**匙

作法

1 材料**B**藥材裝入棉布袋綁緊即為滷包；帶皮老薑洗淨後拍扁，備用。

2 紅番鴨肉洗淨，剁成大塊狀後入滾水汆燙，撈起後瀝乾水分備用。

3 取一個炒鍋，加入黑麻油，以小火爆香老薑片，加入鴨肉塊炒香，再加入米酒煮滾，加入滷包，用中火燉煮**45**分鐘。

4 加入鹽調味，加入老薑汁拌勻即可熄火。材料**D**拌勻為沾醬，食用薑母鴨時可搭配。

荷葉蒸餃

蒸籠紙的部分可以用紅蘿蔔片或其他蔬菜代替，或是蒸籠刷油亦可防沾黏。
餃子蒸製過程切忌太久，以免外皮乾掉、餡料無汁。
必須等蒸籠冒出蒸氣時，才可放入餃子，別等蒸氣再次冒出時才開始計時。

份量：30個
最佳賞味期：現做現吃

材料

A
中筋麵粉440g
滾水220g
冷水88g

B
高麗菜498g
五香豆乾30g
紅蘿蔔30g
木耳39g
香菇18g

C
香油12g
醬油1.5g
細砂糖8g
薑22g
鹽1.5g
水19g
太白粉10g

作法

1　中筋麵粉過篩於鋼盆，沖入滾水，用桿麵棍快速攪拌至呈雪花狀，再分次加入冷水，攪拌至稍光滑狀的麵糰，放置鬆弛15～20分鐘。

2　全部材料**B**分別切小丁，取高麗菜與少許鹽抓拌至出水，脫水備用。

3　將高麗菜丁、其他材料**B**和材料**C**混合拌勻即為餡料，分成每份約22g。

4　將麵糰搓長，分割成每個7g的小麵糰，桿成中間厚四周薄的圓形即為外皮。

5　取1份外皮，包入1份餡料，捏成荷葉餃狀，再放入鋪蒸籠紙的蒸籠，以大火蒸約8分鐘即可。

國曆11月第四個星期四

感恩節

感恩節

　　西元1620年，五月花號（The Mayflower）載著大約一百多人的英國清教徒在現在麻薩諸塞州的普利斯敦登陸時正值寒冷的嚴冬，受盡苦難下終於等到春天的來臨，當時也只剩下50多人存活下來。春天來臨後，得到印地安人的幫助，而有了較好的豐收。清教徒為了感謝上帝及印地安人朋友，在黎明時鳴放禮炮，列隊走進教堂，點起舞火舉行盛宴。

　　到了1789年，華盛頓總統就職聲明中即宣佈11月26日星期四為感恩節，以鼓勵美國人發揚祖先感恩精神，成為美國正式節日。之後感恩節的日期也經過幾次變動，至1941年經過國會通過，改成每年11月的第四個星期四為感恩節。

鹹火雞肉派

在西方，感恩節都要吃豪華的烤火雞大餐，在臺灣，若吃不完一整隻火雞，則可以考慮烤個鹹火雞肉派滿足味蕾，並感受感恩節的氛圍。在塔皮內填入菠菜、火雞肉、洋蔥等炒香的餡料，表面撒上乳酪絲，烤半小時即可享用。火雞肉質厚實具彈性，咀嚼起來味道橫溢，一般人很難吃到火雞肉，因此非常適合在特殊節慶時享用，備感尊榮。

火雞肉是高蛋白質、低脂、低膽固醇的健康肉品，並含有豐富的鐵、鋅、磷、鉀及維生素 **B**。火雞肉是熱量和膽固醇最少的肉類，所含的脂肪為不飽和脂肪酸，不會導致血液中膽固醇量的增加；其次，鐵含量也相當高，對於生理期、妊娠期和受傷需調養的人而言，火雞肉是供應鐵質最佳的來源之一。火雞肉富含色氨酸和賴氨酸，可協助人體減壓力，消除緊張和焦躁不安等症狀。

目前臺灣進口的火雞幾乎來自美國，由於每年感恩節的火雞食用量非常大，所以美國總統有感於對火雞的歉意，於是在每年的感恩節時都會象徵性慈悲特赦一隻火雞，以示感念。

肉桂蘋果派

在幾百年前，因為宗教意見上的分歧，一批英國的清教徒，花了兩個月的時間度過大西洋來到了美國。當時正值嚴冬，忍受不了寒冷的人們都相繼死亡，生活十分困難，終於等到了春天，清教徒們開始建造房屋，也拿出種子教印地安人該怎麼種植。那一年，農作物豐收，使他們能安然度過寒冬，於是便定立了感謝上天的日子，也就是後來的感恩節。而蘋果就是其中一種種子，人們把收穫豐盛的蘋果烘烤成蘋果派，這種美味可口的甜品也得以流傳於世，蘋果派亦成為美國歷史感恩節的象徵物。

在古埃及，人們就不只把蘋果當成一種食品，更把它當作一種藥材。加拿大人的研究表明，蘋果汁有消滅傳染性病毒的作用，吃較多蘋果的人感冒機率遠比不吃或少吃的人要低。才會有一句話：「蘋果紅了，醫生的臉都綠了」，多吃蘋果有益身體健康。蘋果中含有較多的鉀，能與人體過剩的鈉鹽結合，使之排出體外，當人體攝入鈉鹽過多時，吃些蘋果，有利於平衡體內電解質。蘋果中含有的磷和鐵等元素，易被腸壁吸收，有補腦養血、寧神安眠作用。蘋果的香氣是治療抑鬱和壓抑感的良藥。

在感恩節中，餐桌上往往有烤火雞和蘋果派。而現代，蘋果派吃法很多種，甚至有加上冰淇淋一起食用的新創意。

肉桂蘋果派

蘋果最好選擇酸味較重的青蘋果，風味更好。
肉桂粉可依個人喜好添加，若不喜歡，亦可省略。
製作派皮時一定要使用冰水，減緩奶油融化速度，水量可視麵糰乾濕
度酌量增加。

份量：6吋派盤1個
最佳賞味期：冷藏4天

材料

A
低筋麵粉225g
高筋麵粉75g
無鹽奶油150g
全蛋2顆
細砂糖2大匙
冰水3大匙

B
去皮青蘋果丁300g
無鹽奶油60g
細砂糖50 g
蘭姆酒1大匙
檸檬汁1大匙
玉米粉1小匙
肉桂粉1/4小匙
檸檬皮1/2顆
葡萄乾20g

作法

1 材料**A**麵粉過篩，加入切丁的奶油，加入全蛋、細砂糖和冰水拌壓成糰，拌壓時不可過度搓揉，包上保鮮膜後放入冰箱冷藏2小時鬆弛。

2 將麵糰取出，桿成約**0.3**公分厚度，把前後的麵皮往中間對折，再折成對半即成四摺，將折好的麵皮轉**90**度，重覆前面的步驟**2**次。

3 取出麵糰，桿成比**6**吋派盤大一些的薄圓片，鋪入派盤，將多餘的麵皮切除後切成長條狀備用。

4 將派盤周圍麵糰捏合緊貼於派盤，用叉子均勻叉出數個洞，再放入冰箱冷藏鬆弛**1**小時。

5 熱鍋，將材料**B**的奶油融化，加入其他材料**B**拌炒至收汁的濃稠狀即為餡料。

6 將餡料鋪在派皮上，再將切長條的派皮交錯鋪上呈網狀，放入已預熱的烤箱，以**160**℃烤**30**分鐘上色即可。

鹹火雞肉派

如果沒有重石，可以使用豆子或米來取代。
感恩節吃剩的火雞胸肉，也可以拿來使用，為了避免肉質過老，建議烘烤時再加入即可。
派皮表面可再鋪些乳酪絲再入烤箱烘烤，除了味道更香濃外，可以防止表面的餡料烤焦而乾硬。

份量：8吋派盤1個
最佳賞味期：趁熱食用

材料

A
低筋麵粉 200g
無鹽奶油 100g
鹽1小匙
冰水4又1/2大匙
全蛋1顆

B
火雞胸肉150g
洋蔥1/4顆
蒜頭1粒
蘑菇50g
菠菜葉30g

C
乳酪絲50g
牛奶100cc
動物性鮮奶油120cc

D
無鹽奶油1又1/2大匙
中筋麵粉1大匙

E
鹽1/4小匙
黑胡椒粗粒1/4小匙
雞粉1/3小匙
荳蔻粉1/4小匙

作法

1. 材料A的低筋麵粉過篩，加入鹽、切丁的無鹽奶油，加入全蛋拌壓成糰，拌壓過程不可過度搓揉，再覆蓋一層保鮮膜，放入冰箱冷藏1小時鬆弛。

2. 取出麵糰，桿成比8吋派盤大一些的薄圓片，鋪入派盤，將多餘的麵皮切除，周圍捏合緊貼於派盤，用叉子均勻叉出數個洞，再放入冰箱冷藏鬆弛1小時。

3. 取出派盤，鋪上1張烤盤紙，放上重石或豆子，以160℃烤10分鐘，拿掉重石、烤盤紙，再續烤5分鐘後取出即為派皮。

4. 將洋蔥切丁；蒜頭切碎；蘑菇切丁；火雞胸切丁；菠菜葉洗淨後切小段，備用。

5. 熱鍋，放入少許奶油融化後，加入洋蔥丁、蒜頭碎爆香，再加入蘑菇丁、火雞肉丁和菠菜段一起炒香後盛盤備用。

6. 將材料D奶油加熱融化，加入中筋麵粉拌炒均勻，再加入作法5餡料、材料C及材料E一起煮滾即為餡料。

7. 將餡料鋪在派皮上，放入已預熱的烤箱，以190℃烤10分鐘至派皮上色即可取出。

Festival

農曆12月8日

臘八節

臘八節

農曆的12月稱為臘月,於是農曆12月8日即稱作「臘八」。「臘八」原意是祭祀祖先和神靈,祈求豐收、吉祥和避邪。臘八節起源於佛教,相傳這一天是釋迦牟尼在佛陀耶菩提下成道,並創立佛教的日子,故又稱為「佛成道節」,是各寺廟非常重視的節日。

鮮食臘八粥

12月8日這一天早晨,各寺廟會舉行法會,由法師誦經為人消除災禍,祈求平安,有些寺廟舉行浴佛會,並將煮好的臘八粥,請善男信女們食用,相當熱鬧而富有人情味。吃臘八粥的習俗據說傳自印度,相傳釋迦牟尼未得道前,曾獨自坐在菩提樹下,每天只吃一麻一米,後人不忘佛祖成道前所受的苦難,便在12月8日這天,以吃粥為紀念。自宋朝以後便開始盛行起來,當時民間有所謂「臘八日」,在臘月八日這天,每座寺廟都要準備「五味粥」敬拜佛祖,再分贈給善男信女,大家相信吃了五味粥便可以保佑身體健康、延年益壽。

臘八粥又稱七寶粥、五味粥。最早的臘八粥是用紅豆所煮,後來內容物逐漸豐富多彩,常用胡桃、松子、乳覃、柿、栗之類煮粥,謂之臘八粥。第一次吃臘八粥,是以前指導我的一位師傅,某天突然問:「阿Q,肚子餓嗎?今天是臘八節,煮臘八粥給你吃!」當時我非常開心,因為我最愛吃港式臘味,所以一口答應。過一陣子,師傅端過來說趁熱吃,我看到當下傻了,完全沒想像中的「臘味」,不過吃了第一口後,感覺比想像中好吃太多了,也從此記得這一味臘八粥。書中所示範的鮮食臘八粥即是當年師傅教我的配方。

鮮食臘八粥

材料 **A** 浸泡後，可減少烹煮時間。
糖類必需最後加，若食材未煮爛就添加糖，將導致不易煮爛。

份量：**4**人份
最佳賞味期：現做現吃

材料

A
圓糯米100g

B
蓮子30g
紅棗20g
薏仁20g
花生20g
紅豆20g
白米100g

C
水2000cc
冰糖80g

作法

1. 材料**B**洗淨，泡適量水一夜；圓糯米洗淨，泡適量水30分鐘，備用。

2. 取一個湯鍋，倒入水煮滾，加入瀝乾水分的材料**B**，以小火燉煮1小時，煮好前15分鐘，再放入冰糖，攪拌至融化即可。

臘八饅頭

蒸饅頭的溫度要控制在 **90 ～ 95℃**，蒸出來的孔洞較細緻。

材料 **A** 的五穀類可以自由替換，但一定要先蒸熟再加入麵糰中，可避免饅頭沒蒸熟。

使用五穀類時一定要降溫，溫度過高會影響發酵程度。

發酵時間會因環境溫度有所差異，可以從麵糰切口判斷。未發酵前是稍微內凹，待發酵完成時，則切口紋路是平滑且微凸。

份量：**24**個
最佳賞味期：室溫**1**天，冷凍**30**天

材料

A
燕麥**20g**
薏米**20g**
紅豆**20g**
小米**10g**
B
桂圓**10g**
紅棗片**10g**
枸杞**10g**
黑芝麻**5g**
C
中筋麵粉**500g**
無鹽奶油**10g**
D
水**230g**
細砂糖**20g**
乾酵母粉**8g**

作法

1 除了燕麥外的材料**A**洗淨，泡水一夜；材料**B**稍微洗淨，備用。

2 將所有材料**A**放入電鍋，蒸熟後取出，放涼備用。

3 材料**D**混合均勻，加入過篩的中筋麵粉拌勻，加入奶油揉成光滑不黏手的麵糰，靜置發酵至**2.5**倍大。

4 取出麵糰，桿成厚度約**1**公分長方形，再捲成圓柱狀，分割成**24**份小麵糰，整型備用。

5 將小麵糰間隔放入鋪蒸龍紙的蒸龍，發酵約**20**分鐘，以中大火蒸**10**分鐘，關火後燜**3**分鐘即可。

國曆12月21至22日

冬至

冬至

又稱為冬節，過節源於漢代，盛行於唐宋，相沿至今。人們認為冬至是陰陽二氣的自然轉化，是上天賜予的福氣。漢朝官府要舉行祝賀儀式稱為「賀冬」，例行放假。《後漢書》中有這樣的記載：「冬至前後，君子安身靜體，百官絕事，不聽政，擇吉辰而後省事。」所以，這天朝庭上下都要放假休息，軍隊待命，邊塞閉關，商旅停業，親朋各以美食相贈，互相拜訪，歡樂過一個安身靜體的節日。

冬至吃餛飩吃餃子

冬至傳 過去老北京有「冬至餛飩夏至麵」的 法。相傳漢朝時，北方匈奴經常騷擾邊疆，百姓不得安寧。當時匈奴部落中有渾氏和屯氏兩個首領，十分兇殘，百姓對其恨之入骨，於是用肉餡包成角兒，取「渾」與「屯」之音，稱作「餛飩」。恨以食之，並求平息戰亂，能過上太平日子。因最初製成餛飩是在冬至這一天，在冬至這天家家戶戶得吃餛飩。

現在，一些地方也將冬至作為一個節日過著。北方地區有冬至宰羊，吃餃子、吃餛飩的習俗；南方地區在這一天則有吃冬至米糰，冬至長麵線的習慣。各個地區在冬至這一天還有祭天祭祖的習俗。

湯圓

湯圓為冬至必備的食品，是一種由糯米粉製成的圓形甜品，「圓」意謂著團圓、圓滿。冬至吃湯圓又稱「冬至圓」，民間有吃了湯圓大一歲之 。冬至圓可以用來祭祖，也可用於互贈親朋好友。古人有詩云：「家家搗米做湯圓，知是明朝冬至天。」冬至這天是兒時很期待的節日，因為媽媽總說吃了湯圓就大一歲。但過了25歲之後，都想著若能不吃最好，因為我想保住青春。記得去年冬至時，我公公說：「我忘記了，不小心吃了湯圓，又要大一歲了。」我才發現，現代人希望在冬至以外的時間吃湯圓，這樣就可以防止大一歲的魔咒囉！

酒釀小湯圓

糯米粉可以用糯米漿替代，口感更具彈性。選用水磨糯米粉也保有彈性質地。

粉類因濕度不同，故水量需適度添加為宜。

米糰若太乾，可取一小塊壓扁後放入滾水煮熟，再與生米糰一起揉勻，便可增加濕度及黏性。

份量：**4**人份

最佳賞味期：現做現吃

材料

A
糯米粉**300g**
細砂糖**56g**
澄粉**56g**
沙拉油**35g**

B
滾水**200cc**

C
桂花醬**1**小匙
味醂**2**大匙
酒釀**1**大匙
枸杞**15g**

D
食用紅色色素少許

作法

1 材料**A**料混合均勻，沖入滾水，用桿麵棍快速拌勻，再揉成不沾手的粉糰，分成兩份，其中**1**份加入食用紅色素拌勻為粉紅麵糰。

2 將每份麵糰滾成長條，分切成每個**5g**小麵糰，搓圓；取適量桂花醬於**4**個碗內，備用。

3 取一鍋水煮滾，放入小湯圓，以大火煮約**3**分鐘至湯圓浮起，關火。

4 取**1000cc**水倒入湯鍋，煮滾，加入味醂、酒釀、枸杞拌勻，關火，加入小湯圓拌勻即可，再分盛於作法**2**碗內即可。

四喜湯圓

四喜顏色可以隨個人喜好配置。
豬油可以奶油代替；亦可用液態油，但份量要稍微減少。
枸杞水作法為 **20g** 枸杞、**300cc** 水混合泡軟，用果汁機打成汁，過濾即可。

份量：5人份
最佳賞味期：現做現吃

材料

A
糯米粉150g
蓬萊米粉20g
細砂糖20g
豬油25g

B
滾水600cc
枸杞水200cc

C
糯米粉150g
蓬萊米粉20g
紅麴粉3g
細砂糖20g
豬油25g

D
糯米粉150g
蓬萊米粉20g
抹茶粉3g
細砂糖20g
豬油25g

E
糯米粉150g
蓬萊米粉20g
細砂糖20g
豬油25g

F
冰糖80g

作法

1 材料A混合均勻，沖入**200cc**滾水，用桿麵棍快速拌勻，揉成不黏手粉糰，滾成長條，分切成每個**5g**小麵糰，搓圓即為白色湯圓。

2 材料C混合均勻，沖入**200cc**滾水，用桿麵棍快速拌勻，揉成不黏手粉糰，滾成長條，分切成每個**5g**小麵糰，搓圓即為紅色湯圓。

3 材料D混合均勻，沖入**200cc**滾水，用桿麵棍快速拌勻，揉成不黏手粉糰，滾成長條，分切成每個**5g**小麵糰，搓圓即為綠色湯圓。

4 材料E混合均勻，沖入**200cc**枸杞水，用桿麵棍快速拌勻，揉成不黏手粉糰，滾成長條，分切成每個**5g**小麵糰，搓圓即為橘色湯圓。

5 將**1200cc**水倒入湯鍋，煮滾，加入冰糖煮融化，放入小湯圓，以大火煮約**3**分鐘至湯圓浮起，關火。

Festival

國曆12月25日

聖誕節

聖誕節

　　聖誕節是基督教徒紀念耶穌誕生的重要節日，因而又名耶誕節。這一天，全世界所有基督教會都會舉行節日活動，但是目前，有很多聖誕節的歡慶活動和宗教已沒有關聯了。交換禮物，寄聖誕卡，這些都是聖誕節成為一個普天同慶的日子。

　　耶穌是因著聖靈成孕，由童女馬利亞所生的。神更派遣使者加伯列在夢中曉諭約瑟，叫他別因為馬利亞未婚懷孕而拋棄她，反而希望他們能成親，將這孩子起名為「耶穌」，意思是要祂將百姓從罪惡中救出來。當馬利亞快要臨盤時，羅馬政府下了命令，全部人民到伯利恆務必申報戶籍，約瑟和馬利亞只好從命。當他們到達伯利恆時，旅店都客滿，只剩一個馬棚可以暫住。就在這時，耶穌就要出生了，於是馬利亞只能在馬槽上生下耶穌。後人為紀念耶穌的誕生，即定12月25日為聖誕節。

薑餅屋

薑餅顧名思義就是有薑的成分，淡淡的薑味非常適合在寒冷的天氣中食用，薑餅可以拿來做成薑餅屋，也可以用模子切割成不同形狀掛在聖誕樹上當作裝飾。有些薑餅屋會用很多的糖掩蓋薑味，不喜歡肉桂、荳蔻、丁香的味道，也可以減少香料的份量，或用蜂蜜、楓糖代替糖漿，以控制甜度。裝飾糖霜則用蛋白加上檸檬汁打至發泡，拌入糖粉，用擠花袋在烤好的薑餅上畫上圖案即可。

自製薑餅的重點在於餅乾要烤到完全乾掉，搭起來的薑餅屋才不會崩塌，餅乾沒有烤熟就開始搭薑餅屋，會因不穩而倒掉。而且，搭房子的時候要很小心，不要把薑餅弄碎，特別是在要裁大小時。若有少許破損還是可以補救的，可以用糖霜或其他裝飾物來遮蓋。成功的薑餅屋在室溫內可以保存超過一個月以上，記住不可冷藏。不過，臺灣的冬天往往連日下雨，濕度過高則恐怕會發霉，所以建議完成後盡快食用為佳。

傳說十字軍東征時，「薑」是一種昂貴的外國香料，因此傳統上只捨得用在像是聖誕節、復活節等重要節慶。把薑加入蛋糕、餅乾中以增加風味，並有驅寒的功用。久而久之，薑餅就成了與聖誕節關聯的點心。在賦與了聖誕節的氣氛之後，薑餅也成為聖誕節最應景的點心。

巧克力樹幹蛋糕

聖誕樹幹蛋糕起源於法國，又叫樹椿蛋糕、聖誕柴薪蛋糕、木材蛋糕。在法國，聖誕節前夕，街上過耶誕節的氣氛逐漸濃厚起來，在蛋糕店裡也開始出現一種有如一節樹幹造成的蛋糕**Buchedenoel**（聖誕柴薪蛋糕）。樹幹蛋糕起源於工業革命前，當時靠木材燃燒取得照明，並為寒冬帶來暖意。因此親友在耶誕節當天，會帶一塊好木頭當作禮物，像是質地堅硬的橡木、橄欖樹或栗樹。但工業革命後，法國人很少有在聖誕夜燃燒樹幹的，因此家家戶戶改為在耶誕節吃樹幹蛋糕當甜點，就跟中國人元宵節吃湯圓一樣。

到現在，法國人在聖誕夜時，不管在哪裡工作的遊子都會趕忙回鄉團聚，就像中國人守歲一樣，有全家團圓守夜的習慣。法國人守到半夜也會全家聚在暖爐前，一起吃木材蛋糕，配著咖啡或紅茶，一面驅趕寒意，另一方面也可以聯絡家人感情。

樹幹蛋糕其實就是一般的巧克力蛋糕卷，只是表面的裝飾變成奶油巧克力糊平抹，再用叉子刮過而營造出樹幹質感的造型，底層的蛋糕卷則有很多的口味。最傳統的樹幹蛋糕裡面是普通的蛋糕卷，外面塗上厚厚的奶油糖霜，不過這個傳統已經被淘汰了，因為奶油霜實在太油且甜膩，完全不符合現在法國人對輕食甜品的要求。現在賣的樹幹蛋糕，通常是各式慕斯的組合蛋糕。薄薄的蛋糕底上鋪著各色慕斯，既美味又精緻細巧。

庫格酪福蛋糕

又稱皇冠蛋糕，據說是奧地利瑪麗公主在遠嫁法王路易十六時，從家鄉隨行的御廚為她製作她最喜歡的皇家點心，這道名點也是瑪麗皇后留給後人最深的印象。中世紀時藉由歐洲文化的傳播，庫格酪福也逐漸在歐洲各地流傳開來。不論聖誕節或復活節，庫格酪福都可以說是特殊節慶必備的糕點。

庫格酪福蛋糕主要原料有杏仁粉，味道飄香，吃得到碎核桃的口感。烘烤成焦茶色的庫格酪福，有大、中、小的不同尺寸。用製作奶油蛋糕相同材料所烘焙出來的庫格酪福，也可依不同的時節做出不同的形狀變化。例如：耶誕節時做成星狀，葡萄收穫時節做成葡萄形狀。這款點心源自戰爭因素所發想出來的蛋糕，以憎侶帽子造型為發想，傳遞出和平的訊息。

在聖誕節時，大家會製作這個蛋糕用來慶祝和祈福。中央空心的獨特造型，有助於縮短烘烤時間，同時讓麵糰平均受熱，烤出蓬鬆的效果。蛋糕裡加的葡萄乾可以先用蘭姆酒浸泡過，能為蛋糕增添更迷人的新風味。

聖誕水果麵包

聖誕節和烘焙是密不可分開的，在歐洲，很多國家都會準備水果麵包來慶祝聖誕節，而在英美國家則會烤加了很多糖漬水果乾和堅果的奶油蛋糕。在德國就是史多倫麵包（**Stollen**），這是一種用老麵發酵成的歐式麵包，融合了果香及淡淡的酒味；然而，麵包的質地剛好介於傳統的水果蛋糕跟略帶韌性的歐式麵包之間，相當好入口，有蛋糕的柔軟卻沒有蛋糕的油膩；麵包不甜不膩，用手拿也不會油膩膩的，甜味溫和，果香濃郁可口。

這種麵包含有大量乳酸菌，做好的麵包會帶股類似果香或養樂多的氣味。乳酸菌讓麵包即便烤好後還依舊進行發酵，所以質地綿細，甚至放越久越香。建議用蘭姆酒漬葡萄乾、蔓越莓乾、杏桃乾及柳橙皮，濃郁的香味馬上讓人聯想到聖誕節的歡樂氣息，有酒漬果香的味道，嚐起來卻是軟綿的口感，甜甜的酸味中有帶有蜜味，不僅看起來像蛋糕，吃起來也帶有蛋糕體的鬆軟感。濕潤綿密的麵包吃起來很有深度且有種特殊風味，放越久風味越明顯，有熟成的味道。因此，不需放冰箱也能保存，非常適合去爬山、登山時帶在身上，不會有保存的問題。

巧克力
樹幹蛋糕

攪拌蛋糕體麵糊時，不可過度攪拌，否則容易消泡失敗。
用叉子就能輕易刮出木頭紋路。
捲蛋糕捲時，可以在抹好巧克力的蛋糕體上，用刀子輕劃不到底的幾條平行線，這樣捲蛋糕時，比較容易捲得完整且美觀。

份量：**1**條
最佳賞味期：冷藏**3**天

材料

A
蛋白**4**顆
檸檬汁**1**小匙
細砂糖**50g**

B
蛋黃**4**顆
細砂糖**16g**
沙拉油**1**又**1/2**大匙
低筋麵粉**70g**
牛奶**1**大匙
香草精**1/4**小匙

C
苦甜巧克力**240g**
無鹽奶油**240g**

D
植物性鮮奶油**300cc**
苦甜巧克力**140g**
蘭姆酒 **1**大匙

E
防潮糖粉**120g**

作法

1 材料**A**打至濕性發泡，打發的蛋白用打蛋器拉起會自然垂下的程度。

2 材料**B**的蛋黃、細砂糖打散，倒入沙拉油、過篩的低筋麵粉拌勻，再加入牛奶、香草精拌勻呈麵糊狀。

3 將作法**2**分兩次加入作法**1**中拌勻，再倒入鋪了烤盤紙的烤盤中，放入已預熱的烤箱，以**180**℃烤**10～12**分鐘至熟即為蛋糕體。

4 將材料**C**的苦甜巧克力與奶油分別隔水融化後，再將苦甜巧克力液、奶油液體混合拌勻為巧克力醬。

5 材料**D**的鮮奶油打至**8**分發；材料**D**的苦甜巧克力隔水融化後，與打發的鮮奶油糊混合拌勻。

6 將烤好的蛋糕體，均勻塗上作法**5**的巧克力鮮奶油糊，慢慢捲成蛋糕捲狀。

7 將作法**4**的巧克力醬均勻塗在蛋糕捲四周，放入冰箱冷藏約**1**小時。

8 取出蛋糕捲，以叉子刮出數條似木頭紋路，均勻篩上防潮糖粉，放上聖誕裝飾品即可。

薑餅屋

全蛋加入麵糊時，要分三次加入，這樣比較容易拌勻。
拌好未使用的蛋白糖霜必須密封好，否則很快會變得乾硬。
可買一些聖誕裝飾物、棉花糖及調製有顏色的糖霜，讓薑餅屋看起來更有熱鬧的聖誕風味。

份量：**1組**
最佳賞味期：室溫密封**30天**

材料

A
低筋麵粉**1000g**
荳蔻粉**1/4**小匙
肉桂粉**1**小匙
薑粉**2**大匙
泡打粉**2**小匙
鹽**1/4**小匙
B
無鹽奶油丁**165g**
全蛋**135g**
C
細砂糖**140g**
蜂蜜**400g**
D
蛋白**2**顆
檸檬汁**1**小匙
糖粉**470g**

作法

1 材料**A**過篩於鋼盆，加入無鹽奶油丁拌勻，分次加入全蛋拌勻，再加入材料**C**繼續攪拌成不沾手的糰狀，放入冰箱冷藏約**2**小時。

2 取出麵糰桿開，讓麵皮厚度呈現約**0.5**公分，切出想組裝屋子形狀的各種配件，間隔排入烤盤。

3 將烤盤放入已預熱的烤箱，以**180**℃烤**15**分鐘左右，取出放涼。

4 材料**D**蛋白以打蛋器打出一些泡沫後，加入檸檬汁以及糖粉，拌打均勻成濃稠不會流動的蛋白糖霜即可。

5 將蛋白糖霜裝入擠花袋，擠在烤好的餅乾周邊，黏合成屋子狀，表面再擠一些蛋白糖霜，黏上喜愛的糖果，擺上聖誕小玩偶裝飾即可。

庫格酪福蛋糕

蛋糕烤模內必須刷一些奶油，再撒上少許麵粉，蛋糕烤好後會比較好脫模。

葡萄乾泡蘭姆酒最好能泡一個晚上，如果沒有時間則至少泡**15**分鐘以上。

份量：**6**吋中空模**1**個
最佳賞味期：室溫**2**天，冷藏**5**天

 材料

A
無鹽奶油**120g**
細砂糖**80g**
蜂蜜**1**大匙
B
全蛋**2**顆
蛋黃**1**顆
C
低筋麵粉**80g**
杏仁粉**60g**
泡打粉**3g**
D
烤熟核桃碎**60g**
葡萄乾**40g**
蘭姆酒**1**大匙

作法

1 將軟化的奶油、細砂糖與蜂蜜放入鋼盆，以打蛋器打至顏色變白。

2 材料**B**打散，慢慢加入作法**1**中攪打均勻備用。

3 材料**C**混合過篩於作法**2**，繼續攪拌均勻，加入材料**D**拌勻即為麵糊。

4 將麵糊倒入已刷油撒粉的蛋糕模，放入已預熱的烤箱，以**170℃**烤**40**分鐘至熟即可。

聖誕水果麵包

材料 **B** 的綜合果乾，可以挑選自己喜愛的做搭配。
烤好的聖誕麵包表面刷上一層奶油，可以增加光澤，亦可塗上康圖酒來增添風味。

份量：直徑12公分紙模1個
最佳賞味期：室溫5天，冷藏14天

材料

A
高筋麵粉600g
無鹽奶油80g
鹽1/4小匙
細砂糖80g
乾酵母粉2小匙
牛奶150cc
無糖優格180g
全蛋1顆
B
葡萄乾60g
蔓越莓乾60g
杏桃乾80g
柳橙皮1顆
C
蘭姆酒 3大匙
無鹽奶油15g
防潮糖粉少許

作法

1 材料**B**全部切小塊，與蘭姆酒浸泡1小時備用。

2 將材料**A**的高筋麵粉過篩於鋼盆，加入鹽、細砂糖、乾酵母粉、牛奶、優格、全蛋拌揉成糰，再放入奶油拌均勻。

3 將作法**1**與作法**2**材料混合後，用手拌壓成糰，蓋上保鮮膜，放入冰箱冷藏24小時發酵。

4 取出麵糰，放入紙模中，包覆保鮮膜，放室溫發酵1小時。

5 再放入已預熱的烤箱，以**170**℃烤**25**分鐘至熟即可取出，趁熱在麵包表面刷上一層奶油，冷卻後篩上糖粉即可。

二魚文化　魔法廚房 M061

歡樂節慶點心

作　　者	王景茹、陳鴻源
烹飪助手	劉芳彣、賴映儒
攝　　影	周禎和
編輯主任	葉菁燕
編輯協力	林芳美
美術設計	費得貞
讀者服務	詹淑真

出 版 者　二魚文化事業有限公司
　　　　　地址　106 臺北市大安區和平東路一段 121 號 3 樓之 2
　　　　　網址　www.2-fishes.com
　　　　　電話　(02)23515288
　　　　　傳真　(02)23518061
　　　　　郵政劃撥帳號 19625599
　　　　　劃撥戶名　二魚文化事業有限公司
法律顧問　林鈺雄律師事務所

總 經 銷　大和書報圖書股份有限公司
　　　　　電話　(02)89902588
　　　　　傳真　(02)22901658

製版印刷　彩峰造藝印像股份有限公司
初版一刷　二〇一四年三月
I S B N　978-986-5813-21-5
定　　價　三三〇元

國家圖書館出版品預行編目資料

歡樂節慶點心/王景茹、陳鴻源 合著.
- 初版. -- 臺北市：二魚文化, 2014.3
112面；18.5×24.5公分. -- (魔法廚房；M061)
ISBN 978-986-5813-21-5

1.點心食譜 2.節日

427.16　　　　　　　　　　103000184

感謝您購買此書，為了更貼近讀者的需求，出版您想閱讀的書籍，請撥冗填寫回函卡，二魚將不定時提供您最新出版訊息、優惠活動通知。
若有寶貴的建議，也歡迎您 e-mail 至 2fishes@2-fishes.com，我們會更加努力，謝謝！

姓名：＿＿＿＿＿＿＿＿＿　性別：□男　□女　職業：＿＿＿＿＿＿＿

出生日期：西元 ＿＿＿ 年 ＿＿ 月 ＿＿ 日　E-mail：＿＿＿＿＿＿＿＿＿＿＿＿＿＿＿＿＿＿

地址：□□□□□ ＿＿＿＿＿ 縣市 ＿＿＿＿＿ 鄉鎮市區 ＿＿＿＿＿ 路街 ＿＿＿ 段 ＿＿＿
巷 ＿＿＿ 弄 ＿＿＿ 號 ＿＿＿ 樓

電話：（市內）＿＿＿＿＿＿＿＿＿　（手機）＿＿＿＿＿＿＿＿＿＿＿

1. 您從哪裡得知本書的訊息？
□逛書店時
□逛便利商店時
□上量販店時
□朋友強力推薦
□網路書店（站名：＿＿＿＿＿＿＿）

□看報紙（報名：＿＿＿＿＿＿＿）
□聽廣播（電臺：＿＿＿＿＿＿＿）
□看電視（節目：＿＿＿＿＿＿＿）
□其他地方，是 ＿＿＿＿＿＿＿＿

2. 您在哪裡買到這本書？
□書店，哪一家 ＿＿＿＿＿＿＿＿＿
□量販店，哪一家 ＿＿＿＿＿＿＿＿
□便利商店，哪一家 ＿＿＿＿＿＿＿

□網路書店，哪一家 ＿＿＿＿＿＿＿
□其他 ＿＿＿＿＿＿＿＿＿＿＿＿＿

3. 您買這本書時，有沒有折扣或是減價？
□有，折扣或是買的價格是 ＿＿＿＿＿＿＿
□沒有

4. 這本書哪些地方吸引您？（可複選）
□主題剛好是您需要的
□是您喜歡的作者
□食譜品項是您想學的
□有重點步驟圖

□有許多實用資訊
□版面設計很漂亮
□攝影技術很優質
□您是二魚的忠實讀者

5. 哪些主題是您感興趣的？（可複選）
□快速料理　□經典中國菜　□素食西餐　□醃漬菜　□西式醬料　□日本料理　□異國點心　□電鍋菜　□烹調秘笈
□咖啡　□餅乾　□蛋糕　□麵包　□中式點心　□瘦身食譜　□嬰幼兒飲食　□體質調整　□抗癌　□四季養生
□其他主題，如：＿＿＿＿＿＿＿＿＿＿＿＿＿＿＿＿＿

6. 對於本書，您希望哪些地方再加強？或其他寶貴意見？

＿＿＿＿＿＿＿＿＿＿＿＿＿＿＿＿＿＿＿＿＿＿＿＿＿＿＿＿＿＿＿＿＿＿

＿＿＿＿＿＿＿＿＿＿＿＿＿＿＿＿＿＿＿＿＿＿＿＿＿＿＿＿＿＿＿＿＿＿

106 臺北市大安區和平東路一段 121 號 3 樓之 2

二魚文化事業有限公司 收

請沿線剪下後，對折以膠帶黏貼，免貼郵票，直接投入郵筒寄回！

M061　　　歡樂節慶點心

魔法廚房系列 Magic ★
Kitchen

●姓名

●地址